漂 ADRIFT 流

SEVENTY-SIX DAYS LOST AT SEA

我一個人在海上76天

史帝芬・卡拉漢著　姬健梅譯

BY STEVEN CALLAHAN

謹以此書

獻給世界各地懂得痛苦、絕望和寂寞的人，

不論是現在、過去，還是未來。

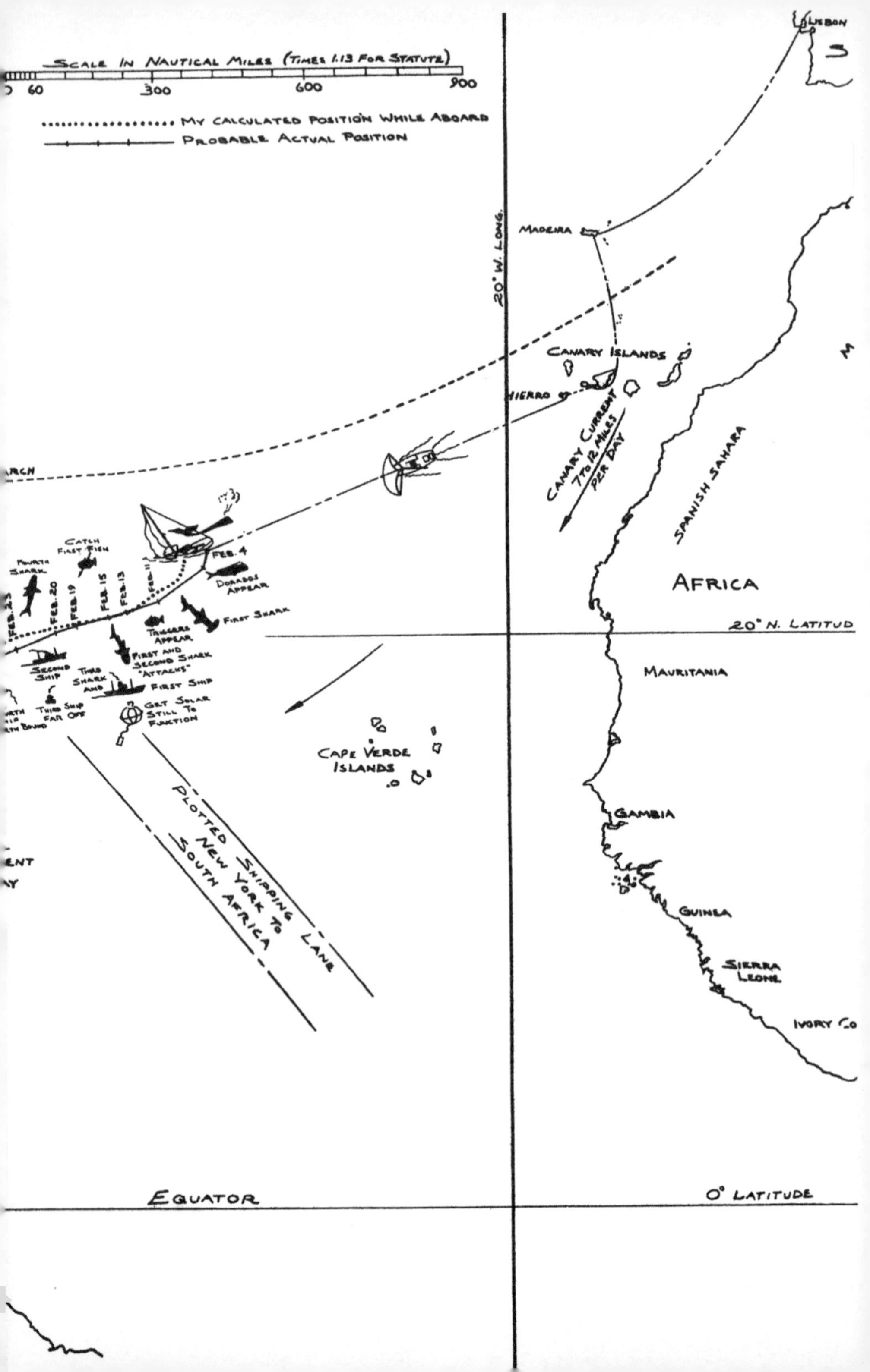

Scale in Nautical Miles (Times 1.13 for Statute)
60
300
600
900
My calculated position while aboard
Probable actual position
Lisbon
Madeira
20° W. Long.
Canary Islands
Hierro
Canary Current 7 to 12 Miles per Day
Spanish Sahara
Africa
20° N. Latitud
Feb. 4
Dorados Appear
First Shark
Triggers Appear
First and Second Shark "Attacks"
First Ship
Third Shark and
Get Solar Still to Function
Catch First Fish
Feb. 11
Feb. 13
Feb. 15
Feb. 19
Feb. 20
Feb. 23
Fourth Shark
Second Ship
Third Ship Far Off
Mauritania
Cape Verde Islands
Plotted Shipping Lane New York to South Africa
Gambia
Guinea
Sierra Leone
Ivory Co
Equator
0° Latitude

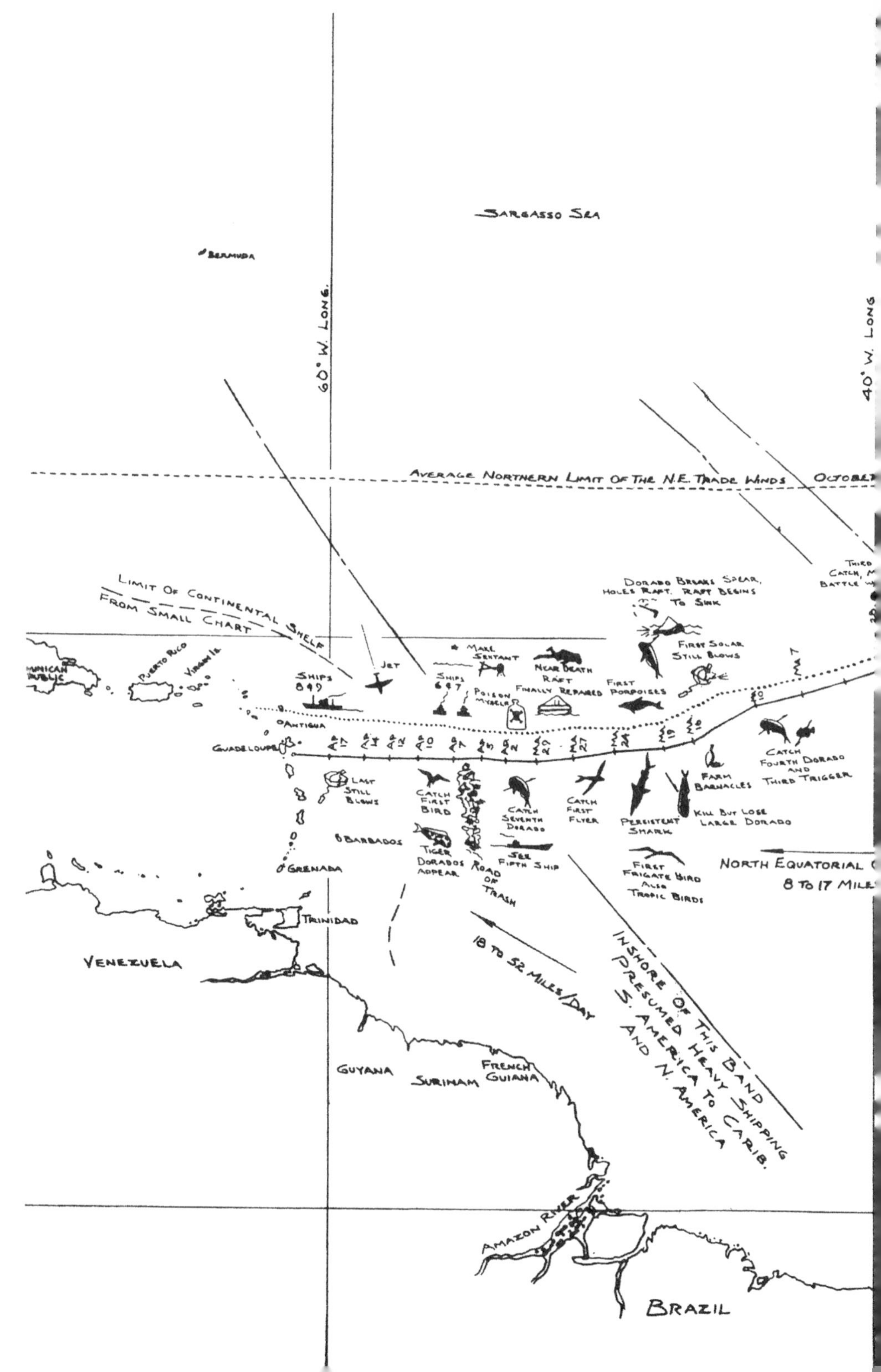

SARGASSO SEA
BERMUDA
60° W. LONG.
40° W. LONG
AVERAGE NORTHERN LIMIT OF THE N.E. TRADE WINDS
LIMIT OF CONTINENTAL SHELF FROM SMALL CHART
PUERTO RICO
VIRGIN IS.
SHIPS 8 & 9
JET
MAKE SEXTANT
SHIPS 6 & 7
POISON MUSSELS
NEAR DEATH RAFT FINALLY REPAIRED
FIRST PORPOISES
DORADO BREAKS SPEAR, HOLES RAFT. RAFT BEGINS TO SINK
FIRST SOLAR STILL BLOWS
ANTIGUA
GUADELOUPE
LAST STILL BLOWS
CATCH FIRST BIRD
CATCH SEVENTH DORADO
CATCH FIRST FLYER
PERSISTENT SHARK
KILL BUT LOSE LARGE DORADO
FARM BARNACLES
CATCH FOURTH DORADO AND THIRD TRIGGER
BARBADOS
TIGER DORADOS APPEAR
ROAD OF TRASH
SEE FIFTH SHIP
FIRST FRIGATE BIRD ALSO TROPIC BIRDS
NORTH EQUATORIAL
8 TO 17
GRENADA
TRINIDAD
VENEZUELA
18 TO 52 MILES/DAY
INSHORE OF THIS BAND PRESUMED HEAVY SHIPPING S. AMERICA TO CARIB. AND N. AMERICA
GUYANA
SURINAM
FRENCH GUIANA
AMAZON RIVER
BRAZIL

目次

≈ 推薦序。李安 ≈

似禪如詩的朝聖之旅，發人深省的一本好書

我在籌備《少年Pi的奇幻漂流》這部電影時，最主要的工具書，便是這本史帝芬．卡拉漢的《漂流》。不光是我自己，主要工作人員以及主角，我都要求他們必讀這本書。

當然，《少年Pi的奇幻漂流》是一個有關漂流的故事，但《漂流》是一部親身體驗的紀實之作。從這本書中，我不只可以參考很多第一手資料，更重要的是，作者把這段發生在一九八二年於加勒比海上，以小塑膠筏獨自漂流七十六天的刻苦經歷，透過深思反省，寫成一冊極為感人的好書。

這本書，不僅生動地描述具體的事件，更在情感與思考上有深度的探索。因為史帝芬在漂流時期，一般生存的條件被剝削到最低程度，所以他的感官與心智，出奇的敏銳。他對許多事物的體認是非凡的，舉凡對基本物質與工具的珍惜，對自身的反省，對自然的融合與崇敬，對信仰的領會……，透過似禪如詩的

文字，他把這場漂流的歷程，寫成面對自己內心與神跡的朝聖之旅，發人深省。

我與史帝芬相識於二〇〇九年四月，當時我正難於下決心接不接《少年Pi的奇幻漂流》。原著是好書，劇本卻不知怎麼下手，更別提片子該怎麼拍。看了史帝芬這本《漂流》，覺得似乎比《少年Pi的奇幻漂流》還有意思。於是我找了編劇 David Magee 聯繫史帝芬，然後一起殺到緬因州去向他請益。

史帝芬是一位老式木造帆船的專家，他帶著我倆，連同他太太 Kathy 一起出航，我們在小船上聊了很多，又於次日長談（這個人，真的可以做好朋友的）。之後，我便決定接下這部片子。這部片子到了二〇一〇年八月多經費才批准下來，我們在台中建造了一個新式的大造浪池，又把廢置的水湳機場改造成片廠工作。

我請史帝芬來當我們的漂流顧問。當時，史帝芬剛經歷有關血癌的手術，才出院不久，便頂著虛弱的身子飛來台中幫忙，真是令人感動。後來在拍攝期間，他不只是指導所有有關漂流的細節，甚至成為我們的造浪顧問。在後期製作時，他也指導了一部分電腦海洋動畫。只是沒多久，他便因血癌惡化，又開始了一連串痛苦的化療，又是換髓又是換血。

《少年Pi的奇幻漂流》的後期製作既長且煩，有時我真有頹廢沮喪的時候。但是，與史帝芬的電話問候與通信中，他的堅毅與樂觀，他凡事感恩的態度，對我有著很大的鼓勵。史帝芬其實不論在海上漂流，或者是在病榻上抗癌，他的精神是一致的——他永遠對能夠成為宇宙運作中的一份子感到珍惜，永遠盡心盡力的體會與學習，並不吝分享他人，真是一位難得的好人與修行者。

這個世界常常是有歷練的人沒文才，或是有感性的人沒靈性，像史帝芬・卡拉漢這樣一位俱全的人，寫的這麼一本有意思的書，真像是一本福音。

李安，導演。

≈ 推薦序・褚士瑩 ≈

一種對生命本質的體悟

船難的兇手，通常不是大海，而是水手對待生命的態度。

對我而言，閱讀這本《漂流》的時機再完美不過。寫這篇文章時，我正在荷屬安地列斯群島之間航行，靠近作者史帝芬・卡拉漢漂流獲救的地點。這裡的人說著混合著法語、荷蘭語、一些英語單字，以及當地方言的克里奧語（Creole）——也就是他獲救時所聽到的「奇妙語言」。

身為同樣以波士頓為家的人，我完全能夠明白駕駛帆船對於一個從小在新英格蘭區長大的男孩，有多麼重大的意義。我自己也是從十多年前開始，每年開始花上八到十二週的時間航海。雖然剛開始我航海的目的不在於冒險，而在於多年的環球旅行之後，重拾對距離的敬意，感受人類的渺小，但無論航行的動機是什麼，海上的遠行，總是能讓水手們學會以謙卑的眼光看待世界，而不是傲慢的以為自己征服了一切。

≈航海之必要

雖然我帶著《漂流》這本書的電子版，航海到加勒比海的此刻，距離卡拉漢迷航只有二十幾年，但從科技的角度來說，與那個很容易故障的雷達反射器的時代，無疑已經完全不同了。

當我們的船在安地列斯群島的 Curaçao 島的 Willemstad 港口靠岸時，我第一件事就到當地的星巴克咖啡，登入免費的無線網路在臉書上「打卡」，不到五分鐘之內，一位在波士頓大學任教的好友，也是全世界少數專門研究以加勒比海的克里奧語寫作詩人的專家，立刻透過ＡＰＰ傳簡訊要我一定別錯過當地路邊攤的家常美食。

「你記得是哪一家嗎？」我問。

「上次去已經是四十多年前的事情，早就不記得了，就算記得，恐怕也早就不在了吧？但是如果沒錯的話，應該在魚市場附近。」

這並不是我十年來第一次到 Curaçao 島，但一點都不記得在這島上看過什麼路邊攤，現代化的煉油廠早已經取代漁業，成為當地主要的產業，但透過 Google Map，發現果然在 Willemstad 全世界唯一一座可以用「甩尾」的方式打開、讓船隻在海潮強勁的出海口通過的跨海橋梁另一邊，還有一座魚市場，旁邊鐵皮屋頂蓋成的平房，雖然沒有任何標誌，從外表看起來就像一個普通的倉庫，一走進去卻別有洞天，顯然昔日破壞市容的路邊攤，都被整編進來變成一個室內的小吃中心，裡面坐滿了本地人，很多是出海回來的漁夫，正在愉快的大快朵頤。

這裡當然不會有菜單，只有一鍋一鍋看不出名堂的燉菜跟大鍋湯，熱情的店主老太太Ynone，拿起湯匙，讓我一勺一勺嘗遍，我像是第一次走進糖果店的小男孩，味蕾驚異於這些全新的刺激，肉桂、萊姆、芒果跟椰子絲混在一起熬煮的秋葵，花生醬燒的咖哩雞肉，香甜濃郁到無法用文字形容的牛肉蔬菜大骨湯，當然，還有《漂流》作者賴以為生的鬼頭刀魚乾，用濃厚的肉醬汁燉煮，澆在混合著五穀雜糧的飯（rijsttafel）上。

旅行過一百五十個國家，自信遍嘗世間所有食物味道的我，從來沒有想到竟然會在這個普通的加勒比海小島上，得到全新的美食體驗。雖然我穿著拖鞋，跨坐在應該是教堂裡淘汰不要的長條木板凳上，跟漁夫們擠在悶熱、毫無裝飾的水泥建物裡面，用著粗糙的瓷碗，大口喝湯、大口吃肉，但這卻是米其林三星餐廳也比不上的饗宴。

就在那一刻，我覺得活著，真好。更具體地說，是能在大海上航行，活著到達一個只有船能夠到的地方，真好。

人類航行的方法不斷在改變。就像《漂流》的背景一九八〇年代，作者回頭看十九世紀底全世界第一個駕著帆船環繞世界一圈的美國探險家史洛坎（Joshua Slocum），也必然會驚異於當時設備的簡陋。但有一點，卻是幾百年來不曾改變的，那就是：只要出海航行的水手，必然冒著漂流和喪命海上的危險，但這樣的風險，並沒有減低每個時代水手對海洋的憧憬。而無論裝備如何簡陋原始或齊全先進，航海旅行不分科技與時代，永遠教會我們對世界的謙卑，學會看待我們周遭的小宇宙。

自然而然形成的奇妙生態系統，人類跟獵物之間，抱持著共生、尊敬的關係，就像陪伴作者航行穿越大西洋的那群鬼頭刀魚，每一隻都有獨特的個性，每次其中一隻被當作食物捕捉時，他都會覺得對方為自己而死而深深的悲傷，但同時卻又清楚意識到，鬼頭刀其實並沒有真的死亡，只是轉換成為人類的生命繼續生存下來。因此，一旦鬼頭刀為自己犧牲生命，就不能浪費一絲一毫，連骨頭中間的膠質、魚眼睛裡的水分，甚至胃裡消化一半的飛魚，都要好好珍惜，否則就是對生命的大不敬。

這種在漂流中的體悟，是一種對生命本質的體悟，也是生命和周邊宇宙之間關係的體悟。我相信，臉書創辦人祖克柏（Mark Zuckerberg）之所以決定規定，自己所吃的動物，一定只能親手屠宰，用這種極端的手段來避免不必要的殺戮，就是對被當作食物的牲畜生命表示敬意的方式。

祖克柏或許不航海，但是在波士頓求學成長的他，顯然也具備了同樣的水手精神。或許是這樣的精神，才幫助他在波濤洶湧的商場上漂流卻不至於迷失，對自己年少得志的成功充滿謙卑，或許對於除去競爭對手換得自己的生存，也充滿哲學性的感謝，不像其他很多企業菁英，總是傲慢地認為自己征服了世界。

我有個從遺傳性重度憂鬱症成功走出來的朋友，分享了他的看法：

「很多人問我，是怎麼走出憂鬱的？我都告訴他們，因為我對生命太好奇了，好奇到沒空去死。」

沒空去死，這樣說就對了。只要活著一天，就要當一天人生的水手，就算不幸迷航漂流，也要活著回來，說一說驚濤駭浪的故事。

這，就是航海的必要，也是我欣賞的生命態度。

褚士瑩，作家。

≈ 推薦序。劉寧生 ≈

航海歸來的人

老實說，很多我認識的朋友，寧願享受在陸地上的安全感，坐在客廳舒適的沙發上，輕鬆欣賞別人在大海上的冒險。

不過，有些朋友卻很希望有一天，能夠親身體驗自身在海上駕帆船航行的美妙感覺，伴隨著險惡的奇觀之美，和海洋做心靈對話。

愛上大海，是人們單純地回應大自然的呼喚，再自然不過了。航海，無論是讓人感到如魚得水，或是讓人恐懼，都能提醒我們自己——以及全人類——的渺小與無足輕重。即使沒有特別的宗教信仰，也會讓一個人在面對大海時感到謙卑，並學習如何與大自然相處。

如作者史帝芬·卡拉漢所說，《漂流》真正想敘述的，不單是他個人的故事，而是關於大海的魔力與神祕，以及大海如何送給他的無價禮物。這禮物，就是找到他生命的重心及生命的意義。也正因為如此，儘管經歷嚴酷的生存考驗，直到今天，他仍然堅持繼續航海。

大海，是世界上最偉大的荒野。旅行穿越荒野對人類的心靈成長與成熟不可或缺，不管那荒野是布滿了沙或是海水。在其中你才能真正明白自己是誰。面對大自然的挑戰時，錢財變得無足輕重，而你的應變能力與堅持不放棄，才能真正測量出你的價值。

≈艱難的航行，讓我們學會珍惜資源

海上航行的帆船，就像是一個縮小的地球。在這個特殊的環境中，我們很容易學會改變自己，在很短的期間裡，促成在陸地上需時多年，甚至永遠無法造成的蛻變。

這種艱苦、險惡的環境會自然地誘導你，讓你認識到資源的可貴。舉例來說，飲水用完了，我們就得面對生存的威脅；看書用燈及導航儀器的電力用完了，就要靠船上儲存有限的油料發電補充。水是生命之泉，乾枯了就沒有生命；油料用完了，就將立即面臨嚴重的威脅。因此，航行在到處都是水卻都不能喝的「水沙漠」裡，隨手關燈、珍惜每一滴水，就成了每一位航海人的信條。這種體驗，往往會帶回到陸地上，影響我們周遭的親友或同事，讓他們也能有所警覺。陸地上的文明，代表了方便與舒適；艱難的航行，使我們學會了珍惜資源。在困境中，使我們理解地球上資源極其有限。

這本書特別告訴我們，我們往往只會珍惜那些已經失去的東西，卻很少在意身邊唾手可得的事物。最普通的水，只有在你失去後，才警覺它的重要。困境中帶給我們一種奇特的財富，而且是最重要的一種——能使你珍惜不餓、不渴、不絕望、不寂寞的每一刻。只要你經歷過航海，就能明白，平常最簡單的食物和飲水，都是如此重要。

相反的，對一個航海歸來的人而言，日常生活中那些虛華的物質，卻顯得過於複雜且沒有必要了。現代文明人幾乎完全居住在人造環境裡——居家有冷氣，行車有冷氣，辦公室有冷氣，想盡辦法把大自然排除於外，卻忽視了一點：我們居住的星球，其實已禁不起人類無止境的掠奪了。自地球有生物以來，從未有過像人類如此具有破壞力的動物，甚至能夠改變氣候、滅絕其他的物種，破壞自己的居住環境。我曾到過一些島嶼，森林被砍盡，地面被水泥覆蓋著，光禿禿的，像陰暗的破落戶。航海旅行，讓我們看見人類不幸的這一面。

學習與大自然保持最佳的平衡，就如同駕著帆船、學習在人與風浪等大自然的條件下達到最佳的平衡一樣。這種認知，應是航海最大的收穫。假使有那麼一天，人們開始認真地用心凝視，並傾聽大自然，我們居住的世界，將會變得更加美好。

劉寧生，現任台北市帆船協會理事長。「太平公主號」古帆船船長，環航世界「跨世紀號」船長，航跨太平洋「福龍號」船長。

≈ 推薦序。廖鴻基 ≈

一部以生命奇蹟完成的好書

這本書描述的是一場真實的船難漂流事件。作者史帝芬・卡拉漢於一九八二年春天，駕駛帆船「獨行號」，原本打算橫渡大西洋，不幸於非洲西方海域遭遇暴風雨沉沒。之後，他搭乘充氣式救生筏漂流於海上，將近橫渡北大西洋的七十六天漂流後，在東加勒比海小安地列斯群島海域獲救。這是一個淪落在無可掌握的不確定曠闊大海中，獨自漂流兩個半月的真實故事。

這場漂流航跡，儘管與北大西洋上的好幾道商船航線交錯，救生筏也遇過好幾次航行中的貨輪，但大海茫茫，救生筏目標太小，大洋中被發現、被救援的機會近乎渺茫。如此情況下，還能越洋長途漂流，最後自行漂近島嶼群十浬內海獲救生還，確是奇蹟。

作者在書中坦言，並不希望這個漂流故事被誇大成英雄事件來看待。若我們能從這部書中所描寫的情境，進一步體會漂流者漂流當下的窘迫和危急，多少能明白作者這麼說的用意。

≈無可預設前途和結局，只能將命運交給風、交給天……

有過遠洋生活經驗的人都曉得，海洋的寬、深和可能出現的狀況，遠超過一般陸地社會的想像。安靜、神祕、寬廣、深邃的內涵流動和暴動，都是海洋特色，如其覆蓋地球表面積比例，海洋確實是地球上最原始、最深沉、最無可掌握的曠野。

在海上漂流，你無法掌握速度和方向，無可預設前途和結局，只能將命運交給風、交給天、交給海去處理。所有人為的努力，就是時時刻刻必須設法讓自己浮在海面，還必須以帆船沉沒前搶救下來的少數工具和配備，設法於漂流途中獲得基本飲水和食物。在終點出現以前的漫長漂流過程中，漂流者若是怠惰、疏忽、判斷錯誤或求生意志鬆垮，都有可能提早結束這場漂流，也就沒有這則漂流故事和這本著作的誕生了。

我這輩子曾有過兩次海上漂流經驗，在這裡也與讀者分享，或許能有助於讀者更深刻理解漂流者所處的情境。

第一次漂流，是在大約三十多年前，當時我剛學會開船，常獨自開船在花蓮沿海釣魚。有一天在海上垂釣時，引擎咳了兩聲後，突然熄火，我鑽進機艙檢查油箱、油管、電瓶和接線。畢竟當時的我經驗不足，耗了些時間在機艙裡巡檢了一遍，並未發現任何管線或接頭脫落。總之，莫名熄火的引擎就是無法重新啟動。船隻失去動力，只能隨風、隨流在海面漂蕩。我記得當時除了船邊水波湧盪出的碎浪聲，四周像在預告將發生什麼重大事件似地出奇寂靜。

我不斷在機艙、甲板往返檢查，過了一段時間，赫然發現船隻已隨黑潮海流往外漂離岸緣約六浬外。這時我才意識到，在進艙檢查前應該先下錨鉤住海床，防止船隻繼續往外漂流。但後悔來不及了，這裡水深少說千米，而船上錨繩不過三四百米。心頭慌亂如船下海流湍急，岸上的山頭離我越來越遠，心頭忽然燃起一股想要回家的衝動，好想立刻跳下海，棄船游回陸地。

幸好理性及時甦醒，推了自己一把。海流湍急，跳下海絕無可能游回陸地。這也讓我學到重要的一堂課：當一個人遭受死亡威脅處於慌亂狀況下，特別容易做出情緒性判斷，而犯下致命的錯誤。本書作者卡拉漢在漂流期間也曾無數次處於危急狀況，他都能以理智為底精算下一步，這是他能安然度過七十六天漂流的主因，也是這本書的精華之一。

我的第二次漂流經驗是在二〇一六年八月，為了執行「黑潮一〇一漂流計畫」，以三米四方無動力方筏，搭乘黑潮在台灣東部沿海近一百小時的漂流，跨台東、花蓮、宜蘭海域，由南而北漂了約三百公里。

其實這趟漂流經過多年籌備，有戒護船在旁陪伴，事先一切安排妥善。但儘管如此，當放掉機械動力，放掉人世社會的絕大部分依賴和規範，獨坐方筏在太平洋海上漂流時，仍強烈感受到：世界變大，而且變安靜了。漂流幾天後，筏下聚了一群魚——正如本書中描寫——有鬼頭刀、飛魚及多種魨科魚類。好幾次，我趴在筏上以水下相機拍這些一起漂流的魚兒。這趟漂流期間，我在筏上也有感而發的寫了不少筆記。

當一個人身處無所依據的原始海洋上漂流，人的求生本能和野性會很自然地被喚醒。漂流歸來之後，我清楚地覺知到自己的改變，重讀這本《漂流》也讓我更明白，這是以生死、以磨難、以生命奇蹟寫出來的一本書。

廖鴻基，海洋文學作家。

≈ 作者序 ≈

以當下為起點，看見世界美好的一面

這本書首次出版後不久，一家頗具聲名的報社派了記者來訪問我，末了問了一個幾乎每個記者都不免要問的問題：「你在海上漂流獲救，有創下什麼紀錄嗎？」

我照例耐著性子向他解釋，對我來說紀錄一點都不重要，我們美國人太著迷於紀錄——最長、最大、最遠、最快……如今在任何事情上都能創紀錄。「嗯，如果你脫下褲子、倒著航行繞過燈塔，這也可以是一個紀錄。」最後我這麼說。

第二天的報上，在我的照片下面寫著這樣的說明：「卡拉漢說，他的航行就像是脫下褲子倒著航行繞過燈塔。」

我忍不住大笑。也許有人會覺得我應該氣這記者，但對我來說，別人以那麼多不同的方式來理解我的經驗，反而令我感到有意思。人生本來就充滿了考驗和試煉，所以不論何時何地，只要你能莞爾一笑，就該好好把握。

我很驚訝這本書十多年後仍在印行，你手上這本繁體中文新版《漂流》出版的這一年，我已經六十六歲，距離人生終點比較近，與起點之間更遠了。書中的故事，彷彿是上輩子的事，也彷彿是發生在另一個人身上的事。我還記得，當年為了寫這本書，凱西和我過著非常拮据的生活。我們靠著偶爾投稿的稿費、幫人家運送小艇與講課，賺取微不足道的生活費。不過窮歸窮，我們有得吃，有對方陪伴，四年期間倒是過得充實又開心。已經過世的道奇．摩根（Dodge Morgan）是美國第一位獨自繞行世界的航海人，當有人問他：為什麼要這麼大費周章繞世界一周呢？他說：「因為做這件事很特別，而且很難。」

我也很訝異這本《漂流》還被收入一套叢書中，與史洛坎和薛克頓之輩的冒險家並列[1]。我固然受寵若驚，而且十分感激，但我懷疑自己能及得上薛克頓的萬分之一。再說，不管我在海上漂流時做到了什麼，我實在不覺得那是出於我一己之力。寫作本書也一樣，凡是我和這本書所得到的讚賞，我都謙卑地接受，不是為了我自己，而是為了宇宙的無邊恩賜與深不可測。漂流橫渡半個大西洋，學習像個水上原始人一樣生活，向我揭示了一件事：我們都不是單獨的個體，而是屬於一個連綿無盡的整體，融入萬物之中；萬物對我的驅使，更大於我對自己路途的掌控。本書固然出於我筆下，但也是無數力量和無數個人的結晶，他們塑造了我，帶領我度過一段不尋常的經歷，並且讓我能夠活下來述說這個故事。

≈生存的最大敵人，是拒絕面對現實

打從三十六年前我像個原始人般，駕著「橡皮鴨三世」橫渡大西洋以來，這個世界發生了翻天覆地的改變。相較於今天這個無處不科技、無處不連結的社會，當時簡直就是個石器時代。回到一九八二年，我們這些航海人沒手機、沒網路、沒電腦。離開陸地到了海上，多數航海人只能靠著導航圖、氣壓計與肉眼來觀察天候。在「獨行號」上，我只能在天氣好時用六分儀來辨認方向，小心翼翼地航行，觀察自然界變化——例如雲、浪花與潮水方向。

但是今天，每一位航海人都可以輕易取得各種天候資料。從海潮、風向、浪高、溫度、雲層到氣流，任誰都可以輕鬆透過手機，掌握即時且巨細靡遺的訊息。在岸上，你常會看到航海人拿著手機講電話，他們出海之後，通常也會長時間使用無線電、電話，以及透過衛星上網。然而回到當年，我們出海之後除了偶爾與靠近的船隻通話，其他時間可能比太空人更與世隔絕。我們當然也可以透過無線電與外界聯繫，只是多數人寧可耳根清靜。有人問知名帆船選手艾瑞克・塔巴利（Eric Tabarly），為什麼比賽中都不拿起電話向大家報告比賽的進程，他的回答是：「要講電話，我乾脆待在家裡算了。」

有讀者把這本書視為某種冒險英雄的故事，但我必須說，若《漂流》這個故事裡有英雄，肯定不是我。沒錯，能在海上堅持這麼多天，事後回想我也有些自豪，但其實那比較像個航海失敗的故事，而不是什麼英雄事蹟。若說故事中有英雄，從我的角度看，英雄正是那些被我吃掉的鬼頭刀——多虧了牠們的犧牲，才讓我能活下來。

當然也有讀者從靈性、宇宙與宗教的角度來看這本《漂流》。的確，漂流事件改變了我對人生、對世界，以及對自己的看法。重生，是必須經歷痛苦與迷惘的。漂流歸來之後，我有一段時間不知道該怎麼生活。平常——或者該說被我們視為「平常」——的日子裡，我們就像設定了自動駕駛般，一日復一日地高速前進。直到有一天，人生這條路突然出現一個大迴轉道，你必須急轉方向盤，耳邊響起尖銳的煞車聲。也許你翻車，也許你沒事，但可以確定的是，從此以後你的人生路會轉到一個完全相反的方向。

那段期間我想盡辦法讓自己「回到原本的生活」、回到「正常」狀態。後來我想起菲爾・維爾德（Phil Weld）跟我說過的一段話。菲爾很晚才開始航海，但他非常熱中比賽，也是唯一贏得「單人跨大西洋大賽」的美國選手——那一年，他已經高齡六十五歲。他告訴我，他花了很長時間才想通人生與航海的一個共同真理。他說，我們常用「恆向線」（rhumb line）來指航海人出發的地點與目的地之間的直線，但其實在海上航行，從來不可能是直線，海浪、暗潮、天候，都會導致航海者大幅偏離預期航道。菲爾剛開始參加比賽時，只要發現自己偏離，就會想盡辦法回到恆向線上。「我花了很長時間，才明白自己錯了，恆向線應該從我當下所在的位置為起點，而不是我出發的地方。」

這也讓我明白了，所謂「正常」的生活，不該是「原本」的生活，而是「當下」的狀態。「正常」是持續改變中的，拒絕改變就像抗拒海潮般不切實際。重生，不是被動地等待命運降臨，而是主動找尋答案。當我們陷入困境，會「希望」一切趕快過去，但其實我們往往不知道該怎麼過去，我們只是一心想著反正讓我能逃離一切、結束苦難就好。

我現在明白了，真正的「希望」，其實是需要「打造」的。我認識許多位海難生還者，他們的「希望」，就是建諸於「面對現實，無論遭遇什麼挫折都勇往直前」之上。生存的最大敵人，是拒絕面對現實。唯有接受了現實，我們才能看清問題，並做出調整。世事無絕對好壞。在「橡皮鴨」上，每一個情境都是兩難。抓魚，可以讓我填飽肚子，卻可能會害我艇上的設備受損；強勁的風，有助我靠近岸邊，但也讓我更難捕魚與儲水；天晴浪靜，我雖然能好好儲水、身體保持乾爽，卻也更容易感到口渴、離靠岸也更遙遙無期。

≈謝謝李安，圓滿了我的漂流

出版以來，這本書引起許多組織——從高科技公司到非營利團體——的關注。我開始學習演講——這是過去的我完全不擅長的事。我受邀與許多不同的「倖存者」見面，包括癌症病患、藥物濫用者、家暴受害者、空難山難船難生還者、被恐怖分子綁架的獲釋者等等。過去這三十多年來，他們帶給我受益無窮的啟發。我也因此結識許多專家，從他們身上學習各種危機下的應變方法。

我常在報紙、廣播與電視上出現，還有人找我拍了紀錄片。二〇〇八年的某一天，我接到導演李安的來電，說他正在考慮拍《少年Pi的奇幻漂流》。當時，已經有好幾位導演推掉這部片，都說這個故事不可能拍成電影。但在我眼中《少年Pi》雖是虛構小說，卻與《漂流》有許多共同之處，我讀了之後深深著迷。李安也是，我們談了很多一個人在海上的求生方法，以及一個人在海上的心理與心靈狀態，最後我們決定挑戰這項「很特別，而且很難」的任務。

拍攝《少年Pi》期間，雖然我的正式職稱是「求生與海事顧問」，但實際上要符合李安的目標——「賦予電影真實感、更有說服力」，我所扮演的角色不僅止於此。對李安而言，大海不只是背景，而是一個充滿生命力的舞台，他想讓觀眾感受到大海的美麗與醜惡、驚駭與歡愉、危險與生機。我幫李安訓練演員、設計場景、協助化妝與服飾等等。在他的執導下，這個虛構的故事為觀眾帶來非常真實的感受。

對我而言，《少年Pi》在我歸來後三十年完成，也圓滿了我的航海生涯。我們通常只記得生命中特殊的時刻，但實際上，我們生活的每一刻都是環環相扣的。正如我今天的生活，與我當年的漂流有著不可分割的關聯。年輕時，我常會對失敗耿耿於懷，感情上的失敗、理財上的失敗、製作「拿破崙獨行號」的失敗、橫跨大西洋的失敗等等。我太自以為是，太不把其他人放在眼裡。然而，我後來明白了：這些缺點與錯誤，恰恰是我繼續努力的理由，讓我能有機會把事情做對，有機會做真正有意義的事，讓自己找到有意義的人生。我們往往得經歷了極大苦難，才能發現無價的人生意義。我太太說，《漂流》中最重要的一句話，就是「坐在地獄裡看見天堂」。苦難，能讓我們看見事物美好的一面。

漂流歸來之後，我真正體悟到人世間任何成功、幸福、快樂（如果我們夠幸運地擁有這些感受的話）都是短暫的，隨時都會結束。也許世界上真的有人一生順遂，沒經歷過任何苦難，但我猜想我們絕大多數都是跌跌撞撞過來的。我在五十八歲那年，切除了兩個腎臟；兩年後被診斷罹患白血病，並接受治療至今。就在我寫下這篇文字的二〇一八年，我紀念兩個「重生」的日子：一是四月二十一日，也就是我在漂流後登陸瑪麗加蘭島（Marie Galante）的那一天；一是八月九號，這是捐贈細胞給我、把我從鬼門關前救回來的小女孩的生日。

每當面臨巨大威脅，我們通常很難保持樂觀，相信自己一定會安度難關。但在海上那段期間，我在看到自己弱點的同時，也發現自己比想像中堅強。如果你也曾在危機中存活，相信你也會跟我一樣，發現自己其實具備冷靜、能力，以及即使犯錯都能安然過關的運氣。

說到運氣，其實換個角度想，我算是個運氣超好的人——因為「只」漂了七十六天，而且活著歸來。很多年以後，有一位十歲小男孩在《漂流》中讀到我因為找不到可用的電線而苦惱，但他也發現書中提到了橡皮筏上的燈，電源正是連接自筏下的電池。「連接燈與電池的，不就是電線嗎？」他天真地問我。看吧，有時候一個十歲孩子的智慧，都比我們強。

下回出海，一定要找他一起。

漂流≈

≈ 前言 ≈

我沒瘋，是靈魂在召喚我

要決定一個故事從哪裡開始、在哪裡結束，總是很困難。不過，有些經驗的劃分倒是相當明確，好比一個浪漫的夜晚、一個週末假期，或是一趟旅行，我把這些稱為「完整的經驗」。

在很大的程度上，我人生的前二十九年就是一個落在此書範圍之外的完整經驗，這個故事的種子，就是在那些年裡播下的。常有人問起，我何以會讓自己陷入漂流海上的困境？我如何知道自己該怎麼做？那艘被毀了的船是全新的，還是曾經受過考驗？為什麼我要駕著一艘這麼小的帆船冒險出海？這些問題的答案，都是這個故事不可缺少的一部分，是這個故事的基礎。

這個基礎在一九六四年打下，當時我十二歲，剛開始航海。

我立刻愛上了航海。我可以想出千百萬種理由，來解釋航海何以如此強烈地吸引著我——和環境的直接關係、簡單的生活方式、沒有「現代生活的不便」（如同造船工程師迪克．紐威克〔Dick Newick〕所說），還有那種難言之美——不過，所有這些理由都可以簡要地總結為：航海的一切，都讓我覺得如魚得水。

在我尚未開始航海之前，我想過假如我活在十八世紀，我大概會成為一個征服山岳的人。後來我被帆船的歷史迷住了，嚮往古老年代的那種浪漫和冒險，比如橫帆船繞過合恩角（Cape Horn）奮勇前行的故事。在我開始航行後不久，我讀到羅伯．曼利（Robert Manry）所寫的《小仙子號》（*Tinkerbelle*）。他於一九六五年六月駕著那艘十三．五呎長的帆船出海，用七十八天的時間橫渡大西洋，在當時創下了紀錄。曼利那艘簡單的船，以及他用這樣一艘小船所創下的極大成就，這其中有點什麼觸動了我的心。他讓我看見在二十世紀下半葉仍然可能過著冒險的生活。

打從那時候起，我就夢想著駕駛一艘小船橫渡大西洋。隨著時間一年一年過去，我學到了達成這個目標所需要的技能。我閱讀關於那些偉大航行的所有書籍：海爾達和威利斯以木筏橫渡太平洋，還有史洛坎、希斯考克夫婦、葛茲威等人的環球航行[2]。高中尚未畢業，我就幫忙建造了一艘四十呎長的船；一九七四年我開始從事造船業，在船上生活；一九七七年我設計船隻，航行出海，最遠航抵百慕達；一九七九年我成為全職的船隻設計師並且教授船隻設計。在這段期間，曼利和「小仙子號」始終藏在我心深處，激勵著我，讓所有的事情產生連結，讓我的生活有一個焦點。

≈在海中學習謙卑，是種美妙的感覺

一九八〇年，我賣掉了我那艘二十八呎長的三體帆船（trimaran），投入所有的資產來建造「拿破崙獨行號」（Napoleon Solo）[3]，一艘小型巡航船，並獲得我前妻芙莉莎、好友克里斯．萊勤及許多其他人的大力協助。獨行號的設計雖然很特殊，但也不算特別極端。我們費了很大的功夫來建造一艘帥氣、細心打造的模造夾層木船，在輕風裡航行能力優異，在風浪大的天候裡能保持平衡且具有韌性。

對我來說，獨行號不再只是一艘船，我清楚她的每一根釘子和螺絲，還有木料的每一道紋理，彷彿我創造了一個有生命的東西。水手對他們的船，往往有這種感覺。克里斯和我駕駛獨行號做了一趟嚴格的試航，從安納波利斯（Annapolis）航行到麻州，長達一千海里，渡過暮秋時節的大浪。到了一九八一年春天，我準備好要追隨曼利的腳步。

我無意跟曼利一樣創下紀錄，獨行號只比二十一呎長一點，橫渡大西洋的船隻中像這種大小的並不多，但那當中也有幾艘船只有十二呎長。對我來說，橫渡大西洋更像是一趟內心的航行，類似一趟朝聖之旅。這趟航行，也可以衡量出我做為水手、船隻設計師和造船者的能耐。當時我想，如果能夠平安抵達英國，我就達成了我為自己設下的每一個重要目標。從英國我打算繼續朝南方和西方航行，參加一趟被稱為Mini-Transat的單人橫渡大西洋帆船大賽，看看獨行號的表現如何。這項比賽將帶我到安提瓜島（Antigua），我將在春天返回新英格蘭，藉此完成繞行大西洋一周的航行。為了取得參加這項比賽的資格，我必須獨自駕駛獨行號航行六百海里，於是我參加了百慕達1-2帆船比賽，從紐波特（Newport）航行到百慕達，再從百慕達和克里斯一起橫渡大西洋。

從美國啟程時，除了一些工具之外，那艘船就是我的全副家當。沒有幾個保險經紀人想跟我談，而那些願意跟我談的人提出的保費又過高，高過購買材料再造一艘船的花費。我決定冒個險。我告訴別人，可能發生的最糟情況就是我會丟了性命，而如果真死了，我也不必擔心保險金的事了。可能發生的次糟情況，就是我會失去獨行號，那樣的話我倒是需要一段時間才能恢復；但我相信終究會恢復的，很多人都曾經失去過他們的船，而他們最後也恢復了。

還是有很多朋友不懂，我為什麼要做這樣一趟航行，為什麼我不能用別的方式來考驗自己，非要橫渡大西洋不可。然而，橫渡大西洋不僅僅是考驗我自己，從我第一次乘船出海，我就覺得自己的心靈被觸動了。在我首次航行至百慕達的途中，我開始覺得大海是我的禮拜堂；是我的靈魂在召喚，要我進行這趟朝聖之旅。

有個朋友建議我把我的想法寫下來，給那些認為我發瘋的人看。在百慕達等待克里斯的時候，我坐在一棵棕櫚樹下，寫下了這段文字：「但願我能描述置身海上的那種感覺，那種痛苦、挫折、恐懼，還有伴隨著險惡奇觀之美，以及與海洋生物的心靈交會，我在牠們的疆域裡航行。生命有一種壯闊的濃烈，當我們無法掌控，只能做出反應，活著，活下去。我本身並沒有宗教信仰，我的宇宙觀很複雜，不符合哪一個特定教派或是哲學派別，可是對我來說，航行出海就像是瞥見上帝的臉。人在海上提醒了自己的無足輕重——所有人類的無足輕重。如此感到謙卑，是一種美妙的感覺。」

和克里斯一同橫渡大西洋到英國去的那趟航行十分歡暢——大風、疾行、鯨魚、海豚，那是構成冒險故事的素材。當我們接近英國海岸，我覺得自己結束了從出生以來的那個完整經驗，正在開啟一段新的體驗。

≈1≈

在海上的感覺，真好

我的航海日誌

時間是深夜，好幾天來霧都很濃。「獨行號」繼續劃破海面，目標堅定，朝著英國的海岸前進。

我們應該距離錫利群島（Scilly Isles）很近了，必須非常小心。潮水很大，海流很強，而這些航道上來往的船隻又多。

克里斯跟我都提高警覺。燈塔突然隱隱出現在那些礁岩島嶼上，發出的光束從高處灑向水面。我們隨即看見擊岸的碎浪，我們太接近那些島嶼了。克里斯壓下舵柄，我調整船帆，讓獨行號跟可見的礁岩平行行駛。我們記下燈塔方位變化的時間，來算出我們離岸的距離——還不到一海里。海圖上標示，燈塔的光束可以及於三十海里的範圍。我們很幸運，因為今晚的霧不像平常我們老家緬因州外海那麼濃。難怪在一八九三年，光是在十一月份，就有多達兩百九十八艘船的殘骸散落在這些礁石上。

次日早晨，獨行號小心地駛出那片白霧，在微風中行駛在長浪上，緩緩滑進了彭贊斯市（Penzance）所棲的港灣。海水拍擊著英格蘭西南海岸康瓦耳郡（Cornwall）的花崗岩峭壁，數不清的船隻和性命葬送於此。這個海灣狹窄的入口，其實危機四伏——例如被稱為「蜥蜴」的礁岩[4]。

天空晴朗明亮，海面微波蕩漾，峭壁上覆蓋著一片綠野。在這兩週的航行裡，從亞速群島（Azores）出發以來，只呼吸到海水鹹鹹的氣味，此時陸地的氣息格外甘甜。

每次當一趟航行即將結束，我都覺得宛如置身於一個童話故事的最後一頁。而這一次，這種感覺尤其強烈。我唯一的航員克里斯揚起前帆，帆輕輕飄在水面上，拖著我們經過坐落於峭壁間的鼠洞村。我們迅速滑向彭贊斯市高高的石砌防波堤，讓獨行號安然停泊。

等最後幾圈纜繩整齊地繞在繫纜墩上，獨行號的橫渡大西洋之旅就此結束，而我也完成了十五年前自己立下的目標當中的最後一項——當年，曼利不僅讓我明白該如何作夢，也讓我明白該如何圓夢。曼利駕駛一艘名叫「小仙子號」的小船實現了他的夢想，我則以獨行號，實現了我的夢想。

≈陪我橫渡大西洋吧，獨行號

克里斯和我爬上石砌的碼頭，尋找海關和最近的酒館。我回身俯視獨行號，心想她多麼像是我自己的影子。她出自我的想像，由我親手打造，也由我駕駛出海。我所有的一切都在船上，我們共

拿破崙獨行號

同完成了我人生的這一章。該是再作新夢的時候了。

克里斯不久之後就會離開，留下我獨自駕駛獨行號，繼續我的旅程。我參加了橫渡大西洋單人帆船大賽，這是件需要獨力完成的事。不過，我暫時還不必去想這件事，現在是慶祝的時候，我們一起去找了地方喝啤酒，這是好幾個星期以來的頭一杯。

橫渡大西洋單人帆船大賽，是從彭贊斯市出發，經過加那利群島（Canaries），再到安提瓜島。我反正本來就打算去加勒比海，在那裡找個工作度過冬天。而且獨行號是艘快速的巡航船，我很想看看她跟那些剽悍的賽船一較高下。

我覺得自己應該有機會在比賽結束時贏得獎金，因為我的船準備周全。因此在開賽前，當別的選手忙著添加艙壁、用奇異筆在帆上畫出數字時，我則盡情享用當地的肉餡餅、炸魚和薯片，我的賽前準備工作，就是舔舔郵票和品嘗當地釀造的啤酒。

實際上，情勢並沒那麼樂觀。時值秋分，狂風怒吼，在一週之內就有過兩陣大風橫掃英吉利海峽。多艘船隻被擊裂，許多參賽的選手被耽擱了。一艘法國船翻覆，船員無法把船翻正，只好坐上救生筏，在法國不列塔尼海岸綿延的危崖下一小片荒涼的海灘登陸。另一個法國人就沒有這麼幸運了，他的屍體和他船上的艉舷板被人發現攤在蜥蜴礁岩邊上。一股陰鬱的情緒籠罩著所有參賽的船隻。

出發前，我到當地的雜貨店去做最後的採買。那家店藏在一條長著青苔的小巷子裡，沒有招牌，要前往老威勒比的地盤不需要指路。有人警告過我，這家店的老闆威勒比講話很衝，可是到店裡去過幾次以後，我漸漸能欣賞他的風格。威勒比身材矮胖，一雙O型腿彷彿曾經繞在啤酒桶上用蒸汽弄彎過，讓他走路時只能鞋側著地。他在店裡緩緩走來走去，步履蹣跚，身體前後搖晃，像一陣長浪上一艘無帆的船。他一頭灰色亂髮，瞇成一條縫的眼睛閃閃發亮，嘴裡叼著根菸斗。

他指著港口，對他的一個店員說：「我告訴你，下頭那些小船和那些瘋狂的年輕人就只會惹麻煩。」他再轉過來面對我，嘟噥著：「我猜你是要來從我老人家這兒偷更多帆具，來給我找麻煩的是吧……」

「是啊，反正你活該！」我對他說。

威勒比揚起一道眉毛，躲在菸斗後的嘴角笑了。他隨即打開話匣子，天花亂墜地閒扯起來。他十五歲時逃家出海，在橫帆船上工作，從澳洲運送羊毛到英國，繞過合恩角（Cape Horn）的次數多到數不清。

「我聽說了那個法國人的事。真搞不懂，你們這些人怎麼會出海就只為了好玩？想當年，我們當然也有過好時光，大好的時光，但我們可是為了討生活。誰要是為了好玩而出海，肯定也會為了消遣而下地獄。」

我看得出來，這老先生心裡其實容得下那些熱愛航海的瘋子，尤其是年輕的那一群。「那樣的話，你不就有伴了嗎？威勒比先生。」

「這可不好笑，我告訴你，不好笑，」他說，語氣嚴肅了一點。「可憐哪，那個法國人。如果你贏得了這場比賽，可以拿到什麼？大筆獎金嗎？」

「其實我也不知道，也許是個塑膠獎盃之類的東西吧。」

「什麼？你出海去，跟海神玩捉人遊戲，搞不好會死在海底——就為了一個獎盃？笑死人了！」

說的也是。那個法國人真的讓這位老人家感觸良多，他興沖沖地硬要塞些好吃的到我那堆東西裡，不收錢，可是口氣悶悶的。「走吧，別再來煩我了。」

「下次我到這城裡來，我一定會纏著你不放，像個討厭鬼，或是來討稅的人。拜拜！」

我把門關上時，一個小鈴鐺叮咚響起，像一陣笑聲。我聽見威勒比在店裡來回踱步，踩得地板吱吱嘎嘎響。「不好笑，我告訴你，這不好笑……」

≈十二級的強風，四十呎高的大浪……

開賽那天早上，我穿過鬧哄哄的人群去參加船長會議。

比賽究竟還會不會如期舉行，大家已經猜了好幾天了。最近幾場橫掃海面的大風，已經達到颶風的強度。「預期一開始會有強風，」現場一位氣象專家告訴我們：「入夜之後，風勢會增強到八級左右。」

眾人嘀嘀咕咕。「一開始就碰上該死的強風……安靜點，他還沒說完。」

「如果你們能夠平安駛過菲尼斯特爾角（Finisterre），就會沒事，不過，彼此之間盡量保持距離，留下操作船隻的空間。在三十六個小時之內，情況就夠瞧的，很可能會有十到十二級的強風，四十呎高的大浪。」

「太棒了，」我說：「有人想包租一艘小賽船嗎？很便宜喔……」眾人說話的聲音大了起來。賽船手們跟他們的支持者議論紛紛：在這種天候中展開橫渡大西洋的比賽，會不會太瘋狂了點？

這時，比賽的主辦者插進話來，議論聲音漸漸變小。

「請聽我說！如果我們把比賽延後，很可能就比不成了。都已經快年底了，我們可能會被困在這裡好幾個星期。大家本來就知道，前往加那利群島大概會很辛苦，如果你們能夠通過菲尼斯特爾角，就會一路順暢。所以，保持聯繫，維持清醒，祝你們一路順風。」

環繞彭贊斯市內港的碼頭上擠滿了人，有的圍觀，有的拍照，有的揮手，有人哭也有人笑。不久之後，他們就會回到自己溫暖舒適的小屋。

港務長和他的手下繞著一個老舊的絞盤，打開了那兩扇巨大的鋼門。當獨行號從兩扇門之間被拖出去，我大喊了一聲：「再見囉！」獨行號跟我已準備好要出發了，我原先的憂心，現在已經被高昂的情緒和興奮取代。

時間一秒一秒過去，我跟其他的參賽者在出發線附近熱身，做些練習，調整船帆，抖動手臂來消除緊張。尤其那些容易暈船的人，將會有一段難熬的時光。

警示旗升起，預備，海浪掃進港灣裡；風已經大了起來，不懷好意地從西邊朝我們飛來。我掌穩舵，搶風調向。開賽鳴槍，煙從槍口冒出來，槍聲在傳到我耳朵前就已經被風吹散了。獨行號越過出發線，一船當先，領著所有的賽船展開比賽。

夜裡風勢猛烈，參賽船隻奮力與大浪相抗。剛開始，我偶爾還能看見其他船隻上的燈光，但到了隔天早上就看不見了。還好，惡劣的天候漸漸平息，獨行號在平滑的長浪上快速前進，我瞧見前方有一個白色的三角形，高高浮起，然後消失在波浪後方。我抖開前帆縮起來的部分，也把主帆的縮帆打開一些，獨行號加速向前，趕上另外那艘船。

幾個小時後，我看見白色的船殼，那是艘鋁製的船，在彭贊斯市時排在我旁邊，駕船者是個義大利人，在這場比賽中共有兩名義大利選手。他人很和氣，就跟大多數的參賽者一樣。他的船似乎有點不太對勁，縮起的前帆帆底四處亂撞，敲著甲板。我朝那艘船大喊，可是無人回應。從旁邊經過時，我把那艘船拍下來，然後進到船艙裡，用無線電多次呼叫他。沒有人回答，也許——我心想——他在睡覺。入夜後，我聽見另一名參賽者用無線電跟主辦單位通話，那義大利人的船沉了，但幸好人被救了起來。我從他旁邊駛過時，或許他正碰上麻煩，才沒有回應我的呼叫。

第三天，我看見一艘貨輪在大約一海里之外的海面駛過。我用無線電呼叫他，得知他看見二十六艘參賽船中，有二十二艘落在我後面。這給了我很大的鼓勵。風大了起來，獨行號逆風行駛，迎向洶湧的波濤。我必須做個抉擇，要不就是冒個險，設法經過菲尼斯特爾角——運氣不好就會被推

進惡名昭彰的比斯開灣（Bay of Biscay）；要不，就是迎風換舷，駛向大海。

我選擇了海灣，希望鋒面會過去，能讓我趁著順風繞過菲尼斯特爾角。但事與願違，風力持續增強，沒多久獨行號就躍過十呎高的浪頭，在空中停留了一秒，隨即在另一側啪地落下。我必須牢牢抓緊，才不至於被甩出座位。風聲在索具間呼嘯，接連幾個小時，獨行號斜向一邊，迂迴前進，在海浪的拍擊下搖搖晃晃。

我聽到船裡浪濤敲擊船殼的聲音，瓶瓶罐罐哐啷哐啷響，一個油瓶摔破了。經過了八小時之後，天色已黑，除了繼續向前沒有別的辦法。我爬進船艉的船艙，這裡比前面稍微安靜點，於是我擠上床鋪睡覺。

一覺醒來，只見我的全天候航行衣漂浮在一灘水上。我匆匆越過積水，居然在船殼上發現了一道裂縫。隨著每一道浪打進來，那道裂縫也越來越長，遲早，獨行號將會像倒下的骨牌一樣解體。我像貓鼬般敏捷，扯下船帆，砍斷桅杆，穩住了船身。花了兩天的時間，我把船慢慢駛向西班牙海岸。

在我抵達拉科魯尼亞（La Coruña）之後，二十四小時之內有七艘參賽船先後抵達。兩艘被貨輪撞上，一艘斷了一具舵，其他幾艘也好不到哪去。至於我的獨行號，一看就知道撞上了什麼漂浮物，船殼上凹痕斑斑。應該是浮木吧，我看見了很多——甚至有整棵樹漂在海上。這些年來，我跟航海的人聊起來，他們在海上見過各式各樣的東西，有從船上掉落的貨櫃、長得像二戰地雷的有刺鐵球，一艘在美國近海的船甚至還發現過一具火箭呢！

≈下定決心，要一個人上路……

對我來說，比賽到這裡，就算結束了。但我不會說西班牙文，所以很難安排修理事宜，也找不到哪個法國人願意開車駛過西班牙坑坑洞洞的崎嶇道路，把獨行號載回去。我沒有多少錢，我的船裡全是海水、灑出來的食用油和碎玻璃，電子自動駕駛設備也燒壞了。接著我又生病，發燒到攝氏三十九度半，躺在濕漉漉的一片混亂裡，心情壞透了。

但話說回來，比起其他人我還算是幸運的。在出發的那二十五艘船當中，全毀的船就多達五艘，所幸無人溺斃。只剩半數賽船，能夠抵達終點安提瓜島。

我大約花了四個星期，才完成修理工作，讓獨行號再度回到海上。我不知道自己的備用品和錢，到底夠不夠讓我抵達加勒比海，反正，我身上的錢是不夠我返航回家的。幸好，拉科魯尼亞的航海俱樂部很慷慨。「不收費，我們盡量幫助隻身在外的人。」這四個星期以來，強風每天都在菲尼斯特爾角肆虐，港口裡擠滿了等著逃向南方的船員。

其實，這季節要出海，我們都算晚了。現在清晨時甲板上會結霜，每過一天，霜融化的時間就多了一點。等到獨行號終於緩緩開過菲尼斯特爾角，我覺得自己彷彿經過的是合恩角。

我需要有人掌舵，於是找了一個法國女孩當航員，名叫凱瑟琳。她之前只有過一次在大洋上航行的經驗，那艘船在比斯開灣折斷了桅杆。他們在驚慌之中用無線電呼救，被一艘油輪救起，然後眼睜睜地看著他們的船——以及他們努力多年的夢想——漂走。之後，凱瑟琳一路搭便車來到拉科魯尼亞，然後找機會搭便船向南方航行。

凱瑟琳很喜歡我的小船，她本人也很可愛，但當時的我無心談情，只想讓過去的傷痛在南方的陽光下融化。有了凱瑟琳的協助，我預計在十四天後可以抵達加那利群島。

接下來的四個星期，我們緩緩南行，向里斯本前進，於陣陣和風之間在如鏡的海面上輕輕搖晃。水面宛如玻璃，從我在水中的倒影，我意識到自己哪兒都不想去了。我開始習慣了航海生活的緩慢步調，對於未能完成橫渡大西洋比賽的失望也漸漸淡去。

古老的河谷，深深切進西班牙的海岸。在這些高低不平的河口地帶，驢子拖著木輪木軸的牛車就算是現代機械了。農人從山坡空地未耕種的草地上採集家畜的墊草，婦女聚在公用的洗滌槽旁，在石頭或水泥地上擣洗衣物。港務人員仔細研究我們的入境表格，帶著這些表格從一間間辦公室裡走進走出，像是小孩子努力想要解讀象形文字。我們是一年多以來，頭一艘在這個水域停泊的帆船。

我們沿著海岸向葡萄牙前進，穿過濃霧，躲開貨輪。在清朗的夜晚，那些貨輪就像聖誕樹上的一串串燈泡，隨時都能看見十六、七艘。在我們的一側是岩石嶙峋的海岸和翻騰的海水，另一側則是重型引擎發出的轟隆聲。如果船帆鬆垮地垂下來，我們就用划的，一天往往只能前進十海里。

若要找個地方停泊下來，倒很容易，拉丁民族的生活和慵懶的氣候會讓人上癮。我們開始吸收那份寧靜，像塊海綿。在航海圈裡，我們結交了很多駛往同一個方向的朋友，許多是法國人，大家原本都計畫在一月之前駛進太平洋，但後來都改變了計畫，「也許我們會躲在直布羅陀海峽過冬。」他們告訴我。

然而，我卻一心渴望繼續向前。凱瑟琳有時候會嘟起嘴巴，嫌我不夠敞開心懷。「你是個冷漠的人。」她這樣說我。但我沒有因而比較不冷漠，反而更下定決心，在抵達加那利群島後要獨自上路。

≈航海人的兩難：需要大地，卻渴望海洋

從里斯本，我們乘著強度適中的風航行，抵達馬德拉群島（Madeira）的頂端，稍做休息後，繼續向南朝著特內里費島（Tenerife）前進。原本預計兩週的航程花了六個星期，我向凱瑟琳道別——我又能與我的船獨處了。

獨行號走到哪都很受歡迎。當地居民對昂貴的大型遊艇沒什麼興趣，卻朝著獨行號圍過來，就像熊聞到了蜂蜜似的。獨行號就跟他們的近海敞篷漁船一樣小，卻能一路從美國航行到這兒，讓他們覺得不可思議。在一個小港口，所有的漁夫跟造船師傅每天一早就來到港邊，坐在碼頭上，耐心地等著我醒來。他們渴望聽我一口破西班牙文加上比手畫腳，說更多的故事。

我差點就把獨行號停泊在那裡過冬。的確有很多人是這樣，他們駛進港口時原本只打算停留一個禮拜，結果一待就是好幾年，靠著製作瓶中小船或是在山裡收集松果來維持生活。這裡的海灘上

到處是德國觀光客，凡是有「待售」字樣的東西他們都愛買。也許我可以畫畫賣給他們，然後順便寫幾篇東西。我不能只是東瞧瞧、西看看，像個觀光客似的。我需要生產、創作，也需要再賺點錢，因為我只剩下幾塊美元，還得要償還債務。

這一來，我陷入了航海人的兩難：在海上，你知道自己必須抵達港口，添補必需品，也希望能在溫暖的擁抱中休憩；你需要港口，往往迫不及待想抵達下一個港口。然而，一旦你進了港，卻又會迫不及待地想再回到海上。喝了幾杯冰涼的啤酒，在一張乾燥的床上睡了幾晚後，你就會聽見海洋在呼喚你。你需要大地，卻又熱愛海洋。

在大多數港口，你都能找到航向跟你相同的人同行。可是這個時候，想去加勒比海過冬的人大都早已出發。但我不認為獨自出航有什麼困難，我在特內里費島結交的一個新朋友，替我修好了自動駕駛設備，而航海氣象圖顯示只有百分之二的機率會碰上強風。信風應該很平穩，這將是一趟輕鬆的航程。

我前往居民稀少的耶羅島（Hierro），陡峭的懸崖聳立在大西洋邊上，向東延伸，頂上是青蔥的山坡和綠色的谷地。這座島嶼向西邊成斜坡下降，末端的景象有如月球表面，有幾座小火山、粗礪的碎石和炙熱的紅沙。我在島嶼西端一座人工小港買好了必需品，出發前一天，我的喉嚨又乾又啞，把僅剩的幾枚西班牙幣扔在吧台上，用結結巴巴的西班牙語告訴那位酒保，這些硬幣在海上對我沒有用處。「還是給我一杯啤酒吧！」啤酒很冰涼，酒保在我旁邊坐下來。

「這趟要去哪？」

「加勒比海。去工作，沒錢了。」

他點點頭，思量著這趟航行的距離。「這麼小一艘船，沒有問題嗎？」

「船小，問題也少。反正，還沒有什麼大問題。」談笑間我喝完了啤酒，討了最後一根香菸，把買來的口糧甩在肩膀上，朝著碼頭走去。

一個老漁夫叫住了我，「你從美國來的？」他問，一邊把他捕來的魚割開，清理乾淨，扔到秤上。身旁一個身穿黑衣的婦人一邊戳那條魚，嘴裡一邊喃喃自語。

「對，美國。」我心裡猜想著，黑衣婦人的丈夫也許是個漁夫，在海上失蹤，就跟許多其他的漁夫一樣。

「怪怪！」他說：「就這麼一艘小船？你傻啦？」

「也不算小啦，這船可是我全部家當。」

老人把兩隻手做成杯子狀，伸向下腹，彷彿捧著巨大的性器，意思是我真有種。我們都笑了，我搖搖頭，睜大眼睛，假裝怕得發抖。婦人抓住他的胳臂，顯然在對他說，魚賣得太貴了，開始討價還價。這是個悠久的習俗，已經成了儀式，就跟那些男子所玩的骨牌一樣——他們坐在多石的海灘上，旁邊擺著一張摺疊牌桌。

一月二十九日，夜色清朗，天空灑滿了明亮的星星。我升起船帆，滑出港口，滑輪吱吱作響。

我駕著獨行號，在那些近海漁船之間穿梭前進，朝著加勒比海的方向。

再度回到海上的感覺，真好。

≈**2**≈

永別了，獨行號

被恐懼占領的那一夜

我度過一段對航海者來說很稀有的時光——整整一週的平靜。

風與海，以罕見的溫柔像母親般摟住我的船，推著她輕快地朝安提瓜島駛去。大海撫慰了我，但仍時時讓我感到敬畏。她像個老朋友一樣，總是那麼熟悉，卻又變化莫測，充滿了驚奇。我斜倚在後甲板上，感覺到一波波的海浪規律地湧過來，把船托高了三、四呎，隨後將她輕輕放下，繼續向前湧，沒入前方的地平線。微風掀動我手中小說的書頁，陽光把我的皮膚曬成棕色，也把我的頭髮曬得褪了顏色。

很久以前，大洋上的灰狗巴士——大型快帆船、捕鯨船、載滿奴隸的單桅杆帆船——在這條從加那利群島到加勒比海的航線上熙來攘往，信風吹漲了張在高聳桅桁上的船帆，翼橫帆、上桅帆、頂桅帆，全張滿了，白帆如雲。獨行號的桅桁嘎嘎作響，自動駕駛裝置嗡嗡鳴唱，混著風聲吹進我耳中，讓我幻想起在輕快舞曲中輕踩地面的腳，隨著手風琴奏出的歌曲而舞動。

獨行號平穩地朝西行駛，船艄張著兩面前帆，船艉捲起串串浪花。不看書的時候，我會隨手寫些故事和信件，畫一畫繫著領結的海蛇，或是拍海、拍船、拍日落。肚子餓了，就吃煎馬鈴薯、洋蔥、雞蛋和乳酪，還有穀類食品——小麥片、燕麥片和小米。我還做運動——伏地挺身、引體向上，還有瑜珈——又拉又扭，隨著船身晃動的節奏，伸展身體。

桅杆、帆桁、支杆和柱子，形成一個宛如蛛網的活動迷宮，起起伏伏，撐開船帆去捕捉風。簡言之，我和我的船狀況良好，正度過一段輕鬆美好的航行。照這樣持續下去，二月二十五號之前，我就能抵達目的地。

≈在海上提到「兔子」，就要倒楣了

二月四日，風勢增強。風聲颼颼，從帆索具間呼嘯而過，一陣強風吹起，厚厚的雲層在我頭上快速移動。漸漸高漲的海浪，在我四周拍落。

我想要恢復平靜的航行，於是我朝著天空說：「來吧，如果你非打擊我不可，那就速戰速決吧。」

我的小船繼續越過一個又一個起伏的波浪小丘，很快的，這些小丘隆起成了小山。清澈的海水映照出暗沉沉的天空。當我們破浪前行，朝著落日駛去，海浪吐著白沫，濺在我們身上。獨行號由自動駕駛裝置控制，大致維持在航線上。由於一直超時工作，此時馬達開始哼起一首令人疲倦的歌曲。目前為止，除了偶爾如瀑布般流下甲板的海水之外，情況還算可以。我還能對著攝影機說笑話，啃著油膩膩的香腸，用低沉的嗓音大唱《金銀島》中獨腳海盜的歌：「啊，朋友，你瞧，天氣正好，來一點風當然也不錯。」

我爬上前甲板，把一面前帆收進帆袋裡，冷冷的海水順著我的脊椎流下，也濺上我的手臂。接近黃昏時，天空越來越暗。獨行號滑進波谷中，太陽沉入了地平線，一沉，再沉，直到終於在西方沒入海中。在夜色中獨行號繼續向前衝，海浪和風在夜裡似乎變得更強，我看不見遠處的海浪，而轉眼之間它們就來到眼前，激起波濤，朝我們拍下。我還沒來得及察覺它們來襲，它們就已急急走開，遁入世界的陰影中。

我的船與我，彼此相伴，航行過一萬多海里，橫渡了一又二分之一個大西洋。她碰過比這更糟的情況，糟得多。如果情況明顯惡化，我可以採取碰上暴風時的策略：減少總帆面積，減緩船速，或順風而行。導航圖資料保證，在南大西洋這片海域的這個季節不常出現大風，就算有，風力也不至於太強，最多到七級左右，足可吹亂你的頭髮，讓你在甲板上全身濕透，但不至於吹落你的假牙。再過兩個星期左右，我就會躺在加勒比海炙熱的陽光下，拿著一杯冰涼的蘭姆調酒。獨行號將會平穩地下錨，捲起船帆，停泊在棕櫚樹密布的海灘上。

幸好我除了要縮小主帆或更換前帆時，才需要待在甲板上。我在船上裝設了艙內駕駛和中央控制系統，艙蓋由樹脂玻璃做成，像一個四四方方的飛機艙罩，坐在底下，我可以用艙內的舵柄來駕駛，從敞開的防波板伸手出去調整船帆，繫索座跟繩索絞盤就在艙蓋旁邊，並且可以保持瞭望，所有這些事都可以同時進行。除此之外，我還可以看著下方桌上的航海圖，用我旁邊的無線電聊天，或是用船上廚房的爐子煮一餐飯，做這些事都不需要離開我的座位。

儘管海浪翻騰，船艙裡尚稱舒適。除了偶爾有水從艙蓋的縫隙中滲進來，我的周圍還算乾燥。空氣由於即將來臨的暴風雨而飽含水氣，沉沉地懸著；船艙漆亮的木板，在柔和的光線下閃著溫暖的光芒。木材紋理的形狀，彷彿化身成了動物、人群和同伴，讓我冷靜下來。

≈她沒有怒氣要宣洩，也不會對你伸出仁慈的手

我從搖晃的杯子把一點咖啡送進嘴裡，讓自己溫暖起來，並且撐住我的眼皮。我的胃是用某種合金打造的，不會鏽蝕、不會爆炸，在其他方面也毫不敏感。它不愛吃乾巴巴的口糧，所以我總是吃得很豐盛，並且計畫著兩天後我的生日大餐。我沒法烤蛋糕，因為沒有烤箱，但我會試著做個巧克力薄餅。我打算把留下來的一罐兔肉煮成一鍋咖哩，才不管法國人的迷信——他們認為只要提到兔子，就會讓一個水手倒大楣。

雖然在這個漂浮的窩裡我怡然自得，但外頭的暴風還是喚醒了我蟄伏一週的警覺。每一道掃過的十呎大浪所挾帶的水量，都多到我不願想像，風呼嘯著掠過甲板，穿過繫帆的繩索。偶爾獨行號的船艉被踢中了，她迎風揚起船艏，彷彿想看看那個踢她的惡霸。前帆迎著風，沙沙作響，待獨行號轉向，繼續前行，帆面隨即繃緊。我心中閃過巨浪的影像，巨浪由於前進方向不同或速度不一的波峰湊巧碰在一起而形成，一道巨浪的高度可以達到一般海浪的四倍，能夠把獨行號像個玩具一樣甩來甩去，集中而成的波谷也會形成足以讓我們陷入的深谷。這種反常的波浪往往從不同的方向流過來，形成垂直的峭壁，海水從那上面傾洩而下，有如液態的雪崩。

六個月前，在亞速群島外海，獨行號就曾經在這樣一道瀑布般的海水中摔落，發出一聲轟然巨響。剎那間天空消失了，透過艙蓋只看得見一片綠色海水。但是船身很快的重新站穩，我們繼續航行。

那一摔，摔得很重，我的書本和六分儀全被拋到空中，越過了高高的護欄，摔在放航海圖的桌子上，打裂了桌子的裝飾邊。假如它們不是打中桌子，就會落在我臉上。那次我運氣好，但現在我得要更加小心。

海上的災難就像這樣，可能在剎那間發生，完全沒有預警；有時候，會在你預期和擔憂了好幾天之後才降臨。這些災難不見得總是在驚濤駭浪中發生，相反的，也可能在水面光滑平靜有如一片鐵皮時跳出來。

不管是在平靜的海面，或是在暴風雨中，航海的人隨時可能被擊倒。然而，大海這麼做，並非出於憎恨或惡意。她既沒有怒氣要宣洩，也不會對你伸出仁慈的手。她就只是在那裡，無邊無際，力量強大，而且無動於衷。我對她的無動於衷並無反感，同樣的，我也不會在意自己的微不足道。事實上，這正是我喜歡航海的一個主要原因：大海讓我深刻體會到自身的渺小，以及人類的微不足道。

我看著獨行號的船痕濺起水花，發出燐光，消失在翻騰的波浪中。「我已經很幸運了，」我心想。但經驗告訴我：「每次只要你說這句話，就會開始倒楣了。」

我想著航海氣象圖上的數字，那是得自船隻所記錄數據的平均值。有人說航海圖對強風風力的估計往往偏低，這個說法也許有幾分真實。畢竟，如果一名船長聽說了天氣惡劣，多半不會為了呼吸點新鮮空氣，而把他的破船駛進暴風中心。看來，接下來幾天，我的日子不會太好過。

我把船上的裝備檢查過一次，就一個漂流的傻瓜能力所及，確定一切都井然有序且穩固安全。我檢查了船殼、甲板、艙壁、櫥櫃，以及讓我這艘木頭珠寶盒確保堅固的所有接合處。熱水壺是滿的，可以泡咖啡或熱騰騰的檸檬水；一塊巧克力放在無線電旁邊，伸手可及。一切的基本準備工作都已就緒。

≈砰！死神敲門的那一刻……

時間大約是格林威治標準時間晚上十點半。一輪滿月掛在天空，蒼白而沉靜，不受狂風巨浪的打擾。如果情況持續惡化，我就得更朝南走。眼前，我已經無事可做，於是躺下來休息。晚上十一點，我起來脫衣服，再度躺下時只穿著一件T恤，腕上戴著一只手錶，脖子上掛著一條繩子，墜著一顆鯨魚牙齒。在接下來的兩個半月裡，這就是我身上穿戴的所有東西。

我的船，繞著一陣陣急湧而來的波峰打轉，龍骨緊緊依附在波浪的斜坡上，像隻山羊，左舷壓在翻騰的黑色海面上。我躺進鋪位，被甩到臥鋪護布上，搖晃得如同身在吊床。砰！震耳欲聾的一聲爆裂聲，蓋過了木材纖維撕裂的聲音及滔滔的海浪。

我從床上跳起來，海水轟轟地朝我撲來，彷彿我突然被扔進一條暴漲的河裡。海水前後湧動——是打哪兒來的？難道船身被打掉了半邊嗎？

沒時間了。我摸索著去拿航海圖桌旁那把帶鞘短刀。水深已經及腰，船艄正在下沉，獨行號要俯衝入水時頓了一下。她要沉了，要沉了！我心裡大喊，不要慌！把緊急逃生包解開！

我的靈魂在吶喊：你要失去她了！我憋住氣，潛進水裡，把固定住緊急逃生包的繩結割開。我的心臟怦怦跳動，像個打樁機，這費力的動作擠出了我肺裡的空氣，大腦跟四肢在爭奪呼吸的機會。無盡的黑暗和混亂包圍了我。快游出去，游出去，她要沉了！我一鼓作氣往上衝，掀開艙蓋，把發抖的身體甩到甲板上，放棄我希望所寄的逃生包。

從撞擊那一刻算起，還不到三十秒。船艄略顯躊躇，以低角度對準了自己的墳墓而去。海水在我的腳踝邊拍打。我割斷用來固定救生筏的繩結，思緒在我腦中閃過，宛如洞穴中的回聲。

也許，也許死亡的時候到了。下沉……死亡……徹底的從這世上消失。

我回想著救生筏的使用說明：在充氣前，把這重達一百磅的笨重東西從船上扔下去。問題是，在這麼顛簸有如馬戲表演的船上，誰能移動這麼重的東西？

沒時間了，動作快——船要沉了！我用力去扯，一拉，再拉——不動，不動！這，就是我生命的終點了吧？

很快，終點即將來臨。裝著救生筏的塑膠殼很固執，我對著它尖叫：「動呀，你這混蛋！」第三下拉得很重，它發出響亮的咻咻聲。一陣波浪掃過整個甲板，我乾脆讓救生筏漂出去，它在繫纜索的尾端拍擊著水面。才不過一分鐘，獨行號就從一艘好好的小船，淪為半沉的殘船。

我跳進救生筏，刀子緊緊啣在嘴裡，像個海盜似的。我注意到架在船艉纜座上的攝影機被啟動了，紅色的眼睛向我眨動。究竟是誰在導演這部電影？顯然這位導演對於燈光不怎麼在行，倒是對於安排戲劇效果匠心獨具。

月亮向下望著我們，一動也不動，漠不關心。幾縷飄過的雲遮蔽了月亮的臉，讓獨行號死亡的陰影更加沉鬱。我靠著本能和訓練做出了求生的動作，然而此刻，當我有一絲時間去回想，整個撞

擊的震撼讓我腦門陣陣抽痛了起來。

≈永遠消失之前，還剩下多少剎那？

我的感官前所未有的敏銳，情緒一團混亂，既為了失去我的船而哀痛，也為了我所犯的錯誤對自己深深失望，另有一份徹悟蓋過這一切感覺，我明白要不了多久，此刻所感所想就不再重要。我冷得發抖，我距離文明世界太過遙遠，毫無獲救的希望。

在那一剎那，無數的對話和爭論在我腦中閃過，彷彿有一群人在我腦中喋喋不休。有些人在開玩笑，為了攝影機忙於拍下永遠不會有人看到的影片而感到滑稽；另一些人替恐懼火上加油。恐懼成了養分，其能量餵養了行動。我必須小心，我得跟盲目的驚慌對抗：我的腎上腺素大量釋放，我不想讓這股力量引發毫無效果的混亂舉動。我抗拒著放任自己陷入歇斯底里的渴望：我不想呆坐在恐懼中，坐以待斃。集中精神，我告訴自己。集中精神，然後採取行動。

我的船——我的夥伴，我的孩子，我看著她被吞噬，像一粒碎屑，小到不足以讓深沉的大西洋嘗到半點滋味。海浪先將她覆蓋，然後頭也不回的離開。

這時，我看見了獨行號的白色甲板浮出水面。她沒有沉沒，還沒有。我告訴自己，要等到她沉沒後，再割斷救生筏的繫纜。雖然我已經在救生筏的裝備中添了罐裝水和其他工具，但是若沒有額外的裝備，我活不了多久。

等一等，設法搶救你能搶救得到的任何東西。我的身體由於恐懼和寒冷，抖得更加厲害，眼睛被海水中的鹽分弄得隱隱作痛。我得去拿些衣服，拿點可以蓋的東西，什麼都好。我動手割下一塊主帆，千萬要小心，小心，不要割到救生筏。割開之後，很容易就能把帆布扯下。救生筏在水面打轉，我把馬蹄鐵形狀的救生圈和救生桿從獨行號的船艉扯下來。

白沫和海水不斷從她身上掃過，她卻一次次再度浮了上來。我用念力哄著她——求求妳，別沉下去；再等一會兒，拜託妳留在水上。

船上有我設計並裝設的防水隔間，留住了船身內部的一點空氣。此刻的她在掙扎，前帆劈啪作響，艙蓋和船舵在浪濤擊打之下發出砰砰的聲音。或許，她最後真的不會沉沒。她的頭部沉在水中，後半身卻猶豫不決，像個沙灘上躊躇的小孩，無法一躍而下。

我全身冷得作痛，鼻子裡淨是橡皮、塑膠和滑石粉的臭味。獨行號隨時可能沉沒，我必須趕緊回到船上。時間不多了，我划到船邊，爬上去，站立了一秒，感受那種既在海水中、又在甲板上的奇怪滋味。海浪不斷湧起，不斷把船淹沒，但獨行號卻一次又一次地掙扎著浮出水面。在海水慢慢滲入寥寥幾處尚有空氣的空間之前，她還能承受多少打擊？在她永遠消失之前，還剩下多少剎那？

在席捲而來的高聳波峰之間，我鑽進艙蓋下方。跟四周的狂風巨浪相比，艙蓋下面的海水比較平靜。我鑽進這座水做的墳墓，艙蓋在我身後啪一聲地關上。我摸到了緊急逃生包，割斷固定袋子的繩子。海浪再次湧過來，再次把我們淹沒。我喘著氣呼吸，袋子是鬆開了，可是沉重不堪，有如世上所有的罪惡全堆在一起。我奮力爬上艙梯，用背頂開艙蓋，又推又拉地把那袋裝備弄上甲板。使盡所有力氣，才將袋子拋進救生筏。

等袋子摔進救生筏後，我轉身再進入艙蓋下。我的手向後伸，摸到一塊漂浮的墊子卡在頂板上，我用力一拉，浮起來想吸一口氣。沒有空氣。在那一瞬間，我覺得彷彿整個太陽系的最後一口氣都被別人吸走了。剎那間，海水的邊緣向後猛退，我看見海面閃著微光，像千百支蠟燭。空氣灌進來，我大口吸氣，獨行號發出的噹啷聲，在下一道即將湧過來的浪濤中低沉下來。

我把那個墊子綁在一條升帆索的末端，任它漂浮，然後再潛入水中去拿我的睡袋。要把濕透的睡袋捲起來就好像捉住一堆蛇，我慢慢地又推又拉，總算把睡袋滾進救生筏裡。最後我帶著那塊墊子，跟著跳進救生筏裡。

棄船行動，成功了。

≈我一步步接近死亡，就在今夜

老天，獨行號還浮在水上！

我一邊看著船身向一側傾斜的她，一邊把船艙裡漂出來的東西一件件撈起：一顆包心菜，一個

Chock Full o'Nuts牌子的咖啡空罐、一個裝著幾顆蛋的盒子。這些蛋大概保存不了多久了，但我還是撈了起來。

我筋疲力盡，沒法再多做什麼。我不想跟獨行號分離，可是如果她要走，我還是得放手。七十呎長的繩子，八分之三吋粗，綁在主帆索的末端，讓救生筏得以漂浮在船的下風處。

當我們沉入海浪的波谷，獨行號終於消失了。吐著白沫的巨大波峰朝我們湧來，迎風面的海水翻騰，有如拍岸的浪花。我聽見海浪湧來，聽見那些啪啪、砰砰、劈啪的聲響，那是獨行號在對我說：「我在這裡！」救生筏浮上來，迎上下一道襲捲而來的浪頭，捲起的白沫貼著救生筏左舷嘩嘩落下。

救生筏有個帳篷式的頂蓋，入口的遮簾，是用魔鬼氈黏住的。每一次遮簾被風吹開，就會發出一陣撕裂的聲音。我得把救生筏掉個頭，不然碎浪可能會從開口處衝進來。當我們湧上一道波峰，我向後望，看見獨行號的甲板浮現在下一道長浪上。大海自黑暗中悠悠高起，宛如在睡後坐起的巨人。

頂蓋的另一端，有個緊繃的圓形開口。我從這個眺望口鑽出去，腰部以上都露在外面。我不能鬆開連在獨行號上的繩子，但我得移動它。

我扔出一條粗繩，繞過從獨行號的甲板上垂下的主帆索，再把粗繩往救生筏方向拉。我把粗繩的一端，綁在救生筏邊緣的扶繩上，另一端則順著扶繩環繞救生筏一周，從眺望口把尾端拉了進來。這一來，如果獨行號沉了，我可以鬆掉這個繩尾，我們就會分開。

啊，糟糕，我下不去了……我被卡住了。我努力掙脫攫住我胸口的頂蓋。海水濺在我身上，浪頭在黑暗中怒吼。我扭動身體，又拉又扯，總算跌回了筏裡。救生筏搖搖晃晃，以篷頂為牆，迎向浪濤。真是太可笑了，居然想以篷頂為牆，抵抗那足以擊碎花崗岩的大海。

我把跟獨行號相連的繩子，用活結綁在圍繞救生筏內部的扶繩上。正當我拚命把所有裝備都綁在扶繩上時，一陣轟隆轟隆的聲音從上風處傳來。

肯定是波超級大浪！才能在這麼遠的地方都能聽見。我傾聽著這道浪逼近。海水突然激增，隨即一片寂靜。我能感覺到浪頭在我頭上高高湧起，當它朝我們擊下，救生筏的橡皮扭絞唧唧尖叫，我的空間頓時少了一半。迎風的那一邊凹進來，推得我衝向另一邊。這時，頂部塌下來了，海水噴得到處都是。

獨行號位在海浪湧起的上風處，灌滿了水，綁在她上面的繫纜被扯動，更加強了衝擊的力道。

我一步步接近死亡，就在今晚，就在此處，距離最近的陸地大約四百五十海里。大海會徹底擊垮我，翻覆救生筏，奪走我的體溫和呼吸。我會就此失蹤，直到我遲了幾週仍未抵達，才會有人知道。

≈只能思索，只能計畫，只能恐懼

我爬回迎風面，一隻手放在與獨行號相連的繩子上，另一隻手緊緊握住扶繩。我蜷縮在濕透的睡袋裡，好幾加侖的海水在救生筏底部晃來晃去。我坐在墊子上，把我跟冰冷的筏底隔絕開來。我還在發抖，不過已漸漸暖和起來。現在我只能等待，只能豎耳傾聽，只能思索，只能計畫，只能恐懼。

等到我隨著救生筏浮上一道海浪的波峰時，看見獨行號在波谷中浮沉。隨後她順著下一道海浪浮上來，我則墜入剛才環抱著她的波谷。此刻，她翻了個身，船艏和右舷沒入水中，船艉部分高高翹起。但願妳能夠一直浮在水上，直到早晨。我想再看看妳，看看我在妳身上造成的傷害。為什麼我不在加那利群島等待？為什麼我要這麼固執，不能放輕鬆點？為什麼我要強迫妳出航，只為了讓我完成來回橫渡大西洋這愚蠢的目標？

對不起，我可憐的獨行號。

我吞了一堆鹹水，喉嚨很乾。也許到了早晨，我可以取回更多裝備、好幾壺水，還有一些食物。我計畫著每一個步驟，以及事情的輕重緩急。

其中，最迫在眉睫的危險，是體溫流失。拿到睡袋，也許能給我足夠的保護。接著是飲用水，然後是食物，再來就拿到什麼算什麼。

艙梯下方、廚房的置物櫃裡，有十加侖的飲水——夠讓我撐上四十天到八十天——就在百呎之外等著我。因為船艉翹了起來，我很容易就能爬上艉舷，後艙裡有兩個大袋子掛在艙頂，一袋裝滿了食物，大約有一個月的分量，另一袋裝滿了衣服。如果我能夠潛下去，向前游，或許能把我的救生衣從前艙裡拉出來。我想像著厚厚的氯丁橡膠會讓我溫暖起來。

海浪不斷撞擊著救生筏，把邊上撞凹了，海水灌了進來。這些橡皮胎都如同柚木一樣緊密，卻跟義大利麵一樣被折彎了。我不停用咖啡罐把水舀出去，邊察看著是否有裂開的跡象，心想，這種救生筏到底能禁得起多少撞擊？

頭上一盞小燈，照亮了我小小的新天地。我腦海中思緒翻騰，有對船身受創的記憶、四周的難聞氣味、海浪的撞擊、蕭蕭的風聲，還有明晨重登獨行號的計畫。

這場災難，肯定很快就會結束。

≈失去了一個朋友，失去了一部分的自己

二月五日，第一天。

我迷失了，就在這茫茫大海中。我想，大西洋上沒有比這兒更空曠的水域了。我大概在維德角（Cape Verde）群島北方四百五十海里處，但這些島嶼的位置跟風向相反，而我只能順著風向漂流。在下風處，最近的航道離我四百五十海里。加勒比海的島嶼，是離我最近的可能登陸之處，卻遠在一千八百海里之外。

別想這些了，還是計畫一下破曉之後的事吧。如果救生筏能撐得住，我就有希望。

它撐得住嗎？海浪不斷襲來，不見得有預警，浪頭往往就在擊下前，才陡然捲起。怒號聲伴隨

著撞擊聲，一次次拍擊救生筏，撕扯著它。

就在這時，遠處傳來一聲咆哮——暴風中心越來越近了。如同漸強的音節，聲音越來越大，直到吞噬了我周圍的全部空氣。

終於，海神出拳了！重擊之下，我的救生筏搖搖欲墜，發出粗厲的尖叫，隨後歸於寂靜，彷彿我們進入了來世之域，從此不必再受折磨。

我迅速打開眺望口，把頭伸了出去。獨行號的前帆仍然劈啪作響，船舵發出啪啪聲，但是我的救生筏漂離她了。船上的電線保險絲盡數銷熔，桅杆頂端的閃光燈一閃一閃地跟我道別。

我深深的注視著她，看著閃動的燈光能見的頻率越來越低，心裡清楚，這是我從她身上最後能看見的景象了。我就像失去了一個朋友，失去了一部分的自己。幾道零星閃光之後，什麼也看不見了。她已經消失在怒海之中。

我拉起那條原本跟獨行號相繫的繩子，它原是我取得食物、飲水和衣物的希望所寄。

繩子其實沒斷，或許是在最後一次撞擊時，繩結鬆開了。有可能是我根本沒把繩結打牢——我綁過數以千計的繩結，就跟轉動鑰匙一樣熟悉，卻還是……。現在，這些都無所謂了。我不懊惱自己沒綁牢，而是在想這搞不好救我一命，讓我這座小小的橡皮屋在被撕碎之前及時逃脫。漂流，最後會要了我的命嗎？

救生筏上不斷受到的襲擊稍微緩和下來，我模仿亨佛萊．鮑嘉的口吻斥責著自己：這下好了，你得自求多福了，小子！

我心中摻雜著恐懼、痛苦、悔恨、憂慮、希望和絕望。我的感受捲成了一個巨大的球，充滿理不清的困惑，吞噬了我，如同一個巨大的黑洞大口吞噬了光。我的身體仍然冷得作痛——全身都在痛，包括先前沒注意到的傷口，現在一起發作。

我覺得好脆弱。沒有應急設備，無處可逃。不論是精神或身體，我覺得自己神經上的所有保護層，彷彿都被剝掉了，赤裸裸地暴露在外。

≈3≈

女巫的詛咒

飢渴、恐懼、幻想

一整夜，救生筏和我隨著洶湧的波濤滑上滑下。我放下海錨——那其實是一塊布，作用像是水中的降落傘，減緩我們下降的速度，避免救生筏翻覆。

突然，一道海浪衝進救生筏下方，把我們高高舉起，直到它以前緣豎立，看起來像個蓋子似的。好幾加侖的黑色海水跟著湧進救生筏裡，我抓緊扶繩懸晃著，重重摀下來的波峰，隔著薄薄的筏底打在我身上。就在我們要徹底翻覆之前，海錨綳緊了，把救生筏往後拉了回去。剛舀出去的海水又衝回我身上，像一道冷泉。

我的救生筏，是一艘雅芳牌（Avon）的標準六人筏，由兩個分隔成多個氣室的橡皮胎所組成，一個疊在另一個上面。它的內部直徑大約五呎六吋，在橫渡大西洋帆船賽開賽前，比賽委員來視察獨行號，看到船上有這麼大一個救生筏都很驚訝。

「你們搭過四人筏嗎？」我問他們。

我自己就搭過。有一次，我把一個四人救生筏充了氣，跟兩個朋友一起坐了進去。結果，發現大家簡直像是坐在彼此身上，膝蓋交疊在一起。如果筏上依合法容量坐進四個人，想存活個幾天是大有問題的，就算在最好的情況下，也是種折磨。因此我認為，得是一張六人筏，也許才足以讓兩個人同時做中程到長程的航行。

上層橡皮胎上面，張著一個半圓形的拱頂橡皮胎，支撐住那個像帳篷一樣的遮篷。遮篷有四分之一未加固定，形成進入內部的開口。唯一能夠坐下而不至於頂著頭部的地方，在救生筏的正中央。我可以靠在邊上，讓頭把遮篷頂出去，也可以蜷著身子躺在底部。

這艘救生筏是橡皮材質，用黑色達克龍強化再膠合；邊緣處多加了幾片這種材質包覆。我當然很清楚，救生筏常會被撕裂，所以我記下橡皮胎的每一道膠合處，持續注意任何撕裂或延展的跡象。上層橡皮胎和拱頂橡皮胎形成了一個充氣室，下層橡皮胎則形成另一個。一旦每平方吋上的壓力超過二．五磅時，安全閥就會釋出多餘的壓力。橡皮胎無法用嘴巴充氣，必須使用充氣幫浦。整張救生筏不停的扭動，就像一條不安蠕動的蛇。

薄薄的橡皮筏底容易起皺，還會滾來滾去，彷彿兩隻體型可觀的袋鼠在水床上跳來跳去。我跪著，一隻手抓緊扶繩，另一隻手拿著咖啡罐把水舀出去。底部被我的膝蓋頂出一塊凹陷，污水朝這塊凹陷處流過來，我用罐子加以攔截。每一次舀完後，就又有一次震動，然後再度淹水，只好重新把水舀出去。

這倒是讓我的身體暖了起來，但也耗盡精力，不得不休息。不停的晃動，加上那種混合橡皮、黏膠和滑石粉的難聞氣味，讓我開始反胃。但我太累了，連嘔吐的力氣都沒有。

海洋，持續對我們進行單調的轟炸。拜託不要把我們弄翻，萬一救生筏翻覆，我就活不下去了。我的嘴唇會變藍，皮膚會變白，抓緊的手會鬆開，大海會最後一次把她的毯子蓋在我身上，而我將會長眠海中。

於是，我把自己的重量和全副裝備，壓在受海水衝撞的那一側，幫助筏身保持穩定，同時緊抓著扶繩，留心傾聽。我覺得自己因為擔憂，而不斷皺著眉頭，臉上也刻出了皺紋。在黑暗中，我想像一張骷髏般的臉孔凝視著自己的臉，不帶安慰或同情。

浪濤的聲音，有如槍聲隆隆，我半睡半醒，在戰爭的夢境裡進進出出。

≈我相信，有人會來救我的——我在騙誰啊？

二月五日，漂流第一天。

黑暗總算讓路給了灰色。四周的顏色開始綻放。晨曦悄悄進入我這海上的牢獄，也帶來一線希望。

我撐過了這夜。對我而言，白晝的來臨從不曾像這一刻如此意義重大。

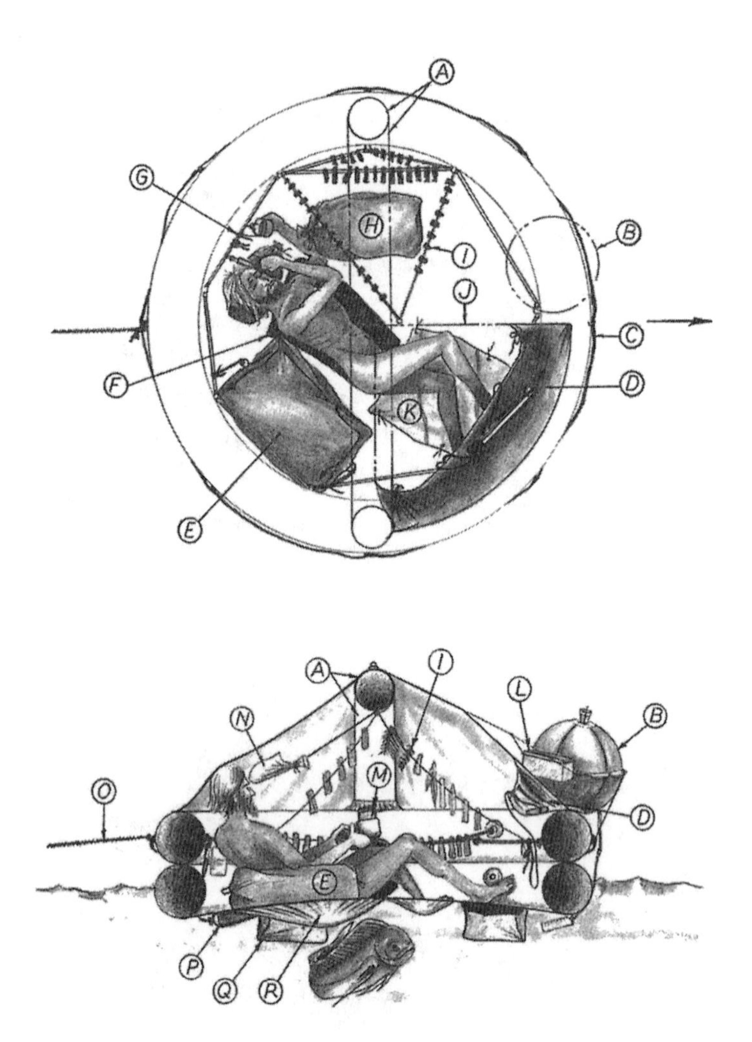
A
G
H
B
I
J
C
F
D
K
E
A
I
L
B
N
M
O
D
E
P
Q
R

「橡皮鴨三世」的平面圖和側面圖。在側面圖中，我正握住充氣幫浦，幫浦插在充氣閥門裡。「橡皮鴨三世」有一個上層橡皮胎、一個拱頂橡皮胎和一個下層橡皮胎。在這兩張圖中，風是來自左邊，推著橡皮鴨向右走。

A 拱頂橡皮胎：支撐頂篷。

B 太陽能海水蒸餾器：用繫纜加以固定。蒸餾液的排水管和收集袋垂掛在救生筏下方。

C 外圍扶繩：圍繞救生筏外部一圈。

D 防水裙：蓋住整個入口，能擋住一點海浪，也提供了一個懸掛魚槍的地方。

E 裝備袋：從獨行號上搶救出來，裝著大部分裝備。

F 墊子：由兩吋厚的封閉式泡棉製成，不會吸水。這個墊子有助於緩衝鯊魚和其他魚類在筏底的撞擊。

G 內部扶繩：充當固定所有裝備的錨。魚肉被吊掛在扶繩的固定環之間。在平面圖中，箭頭指向水瓶、帶鞘短刀及幾截短繩，放在隨手就能拿到的位置。

H 救生筏裝備袋：買救生筏時所附，包含充氣幫浦這類的基本配備，固定在底部的一個固定環上。

I 晾衣繩：在「肉鋪」裡用來吊掛魚肉。懸吊在扶繩的固定環和頂篷之間。

J 進入開口 (以虛線表示)：在救生筏正面右邊部位，以阻擋風和接近的海浪。

K 帆布：從獨行號上搶救出來的，摺疊起來綁在一起。有助於緩衝魚類的撞擊，並且在魚被叉住弄進筏裡時，可以防止魚槍尖端刺破救生筏。

L 保鮮盒：塞在用來固定海水蒸餾器的繫纜下面，盛接雨水。後來改放在拱頂橡皮胎的頂端，用繫纜加以固定，最後則放在救生筏裡面，擺在漏雨的眺望口下方。

M 應急指位無線電示標器 (ERIRB)：以民航機能監測到的兩種頻率發出信號。

N 眺望口：漏水得很厲害，必須綁緊，因為它就位於向風面。到最後，一個收集雨水用的披肩會流經這個開口，流入那個保鮮盒裡。

O 救生桿的繫纜：拖在救生筏尾端，充作里程計，也讓救生筏能保持方向，避免翻覆。同時這根桿子也提高了我被看見的可能性。繫纜的表面聚生了很多甲殼動物，那是我跟那些砲彈魚的食物。

P 空氣瓶：替橡皮鴨充氣用，它的位置很不安全，總是令人擔憂。

Q 壓艙袋：底部四個裝滿水的袋子，避免救生筏翻覆。

R 被壓陷的底部：凡是有重量往下壓的地方就會出現，正常來說，水的壓力會迫使底部稍微往上凸起。往下沉陷的地方成為魚類撞擊的顯著目標，圖中那隻鬼頭刀正對著我的左腳衝過去。

然而，強風仍在呼嘯。我常在海上碰到強風，但只要人在甲板下，總能稍稍將暴風隔開。而在救生筏上，不管筏裡筏外，暴風照樣狂嘯。遮篷在風中翻飛，伴隨著無用的魔鬼氈被撕開的聲音。海水噴濺到空中，救生筏在波濤起伏的大西洋上彈跳著前進，我就像坐在一塊半浸在水中的海綿上。

該不該打開應急指位無線電示標（ERIRB）呢[5]？這個訊號的範圍，可及於兩百五十海里，據稱可以運作七十二小時，之後範圍就會縮小，直到電池用盡。民航公司能聽見它無聲的呼救，對準訊號位置派出搜救飛機，附近的船隻也會收到訊號，我將會得救。

唉，我這是在騙誰啊？我人在加那利群島西方八百海里、維德角群島北方四百五十海里處，最近的主要航道在西方大約四百五十海里外。飛往那些島嶼的飛機，大概會取道歐洲或非洲，而不是這裡──我不曾見過任何飛機在往返加那利群島的途中，經過我目前的位置。航海圖顯示，四百五十海里之內，沒有任何足以吸引洲際航空的重要非洲城市。不會有人聽見我發出的訊號。

儘管如此，我還是打開了ERIRB，以防萬一我的推測錯誤。

我還真希望自己錯了。最近就有一艘名叫「波特菲」的三體船翻覆沉沒，救生筏被撕裂成碎片，航員在無垠的大西洋上載浮載沉，身上只有救生衣。他們緊握在手中的ERIRB，在幾個小時之內就喚來了救援，兩名男子在浪濤洶湧的無邊大海上被尋獲並救起。想到ERIRB的好處，讓我精神微微一振，只是內心深處卻還是不免懷疑：誰能聽見我的訊號呢？

就拿羅伯森一家人來說吧，一九七二年，一隻鯨魚撞翻了他們那艘十九噸重、四十三呎長的多桅杆帆船，羅伯森一家五口、外加一名航員在海上漂流了三十八天。但他們那艘充氣式救生筏其實只撐了十七天，幸好他們還有一艘堅固的小艇。

還有更糟的，比如貝利一家人。就跟羅伯森一樣，他們那艘重型巡航船也被鯨魚撞沉，全家人分乘兩艘充氣式救生筏在太平洋的同一片海域上漂流。他們在一百一十九天後獲救，將近四個月！是唯一在充氣式救生筏上活過四十天以上的人。想到那兩艘救生筏都撐過了嚴酷的考驗，鼓舞了我。

≈大自然可不是傻瓜，我能不能活著回來？

但萬一，沒有人聽見我的求救訊號呢？萬一，這條海洋公路上船隻稀少呢？就算天候穩定，我可能也要九十天才能抵達加勒比海，如果我被吹到北緯十八度線以北，就會超過一百天。

我在耶羅島時曾寫信給我爸媽，告訴他們我可能會遲至三月十日，才會抵達安提瓜島——從現在算起，還有三十四天。就算有人會搜尋我，也不會早過這個日期。

歷史上，只有一個人曾經獨自在海上漂流超過一個月並活了下來：二次大戰時，潘濂在他的母船被魚雷擊中沉沒之後，在一艘堅固的小艇上度過了驚人的一百三十天[6]。一百三十天！別再想了。二十天吧……二十天之內就會有人看見我。假如此時有張一般的航空路線圖，就能幫助我決定什麼時候打開ERIRB。我將會讓它持續啟動三十個小時，這足以讓任一架每日航班在二十四小時之內聽見，再留六個小時讓搜救飛機找到我。

是什麼讓貝利一家人、羅伯森一家人和潘灕，全活了下來？經驗、準備、裝備，還有運氣。

前三項，我做得不差，雖然他們在開始漂流時擁有的食物和飲水都比我多，但我有釣魚的裝備；雖然他們都漂流在經常降雨的海域，但我有太陽能海水蒸餾器。我也受益於他們的經驗，尤其是羅伯森一家人的經驗，因為我帶著道格．羅伯森所寫的那本求生手冊。

我最大的憂慮是：我只有這一艘橡皮筏，沒有替代物或備用品。光靠這樣，要撐過一個月以上的時間，的確需要很好的運氣。

我記得小時候，看過一部電影叫《操之在我》（*You Make Your Luck*），我得盡我所能，盡我最大的能力。我不能逃避，不能拖延，不能退縮。外面那片翻湧的藍色沙漠不會收容我。我常常自欺，有時候也騙過了其他人，但是大自然可不是傻瓜。如果我犯的那些無關緊要的錯誤能被原諒，那就夠幸運的了，但我不能仰賴運氣。

話說回來，就算我展現出貝利一家人或羅伯森一家人的技術和決心，我還是可能死亡。有多少人具備更好的技術和更大的決心，卻沒能活著回來講述他們的故事？

失去任何一項裝備，都可能替我的棺材敲下最後一根釘子。

沒有飲水，我最多只能撐十天；沒有充氣幫浦，我的救生筏會漸漸沒氣，頂多撐上幾個鐘頭；就連失去一張紙片或是一片塑膠，都可能讓我無法進行修理，或無法做出一個足以判別生死的裝置。

我把緊急裝備袋綁在救生索上，打了兩次結，把最重要的物品全放進去——特別是那個充氣幫浦。因為，救生筏會慢慢漏氣，因為太陽會把黑色的橡皮胎曬熱，過多的壓力就會從排氣閥中釋放出來，所以每過一段時間就需要再把氣充滿。筏上附有一個小型的腳踩式幫浦，跟那種用來吹飽充氣床墊的幫浦相似，有一條長長的管子插進充氣閥門裡。就一張救生筏來說，有這樣一個幫浦很怪，因為你無法站直身體用腳打氣，而一直晃動的救生筏底部也不夠結實，讓人無法將幫浦抵緊底部。我只好用兩隻手抓起幫浦用力擠壓，幸好，我的手還算大，而且夠有力。

救生筏本身的工具袋，綁在底部的垂片上。為了讓我的「家」更安全、內部保持更溫暖，我在篷簾上挖了幾個洞，把幾段細繩穿過去綁緊，讓它不致隨風飛起。

接下來，除了盡量保存體力、希望有人聽見我的無線電求救訊號，以及評估周遭環境之外，我實在也沒什麼可做了。

和我那艘又乾爽、裝備又齊全的「獨行號」相比，此刻處境的落差實在太大，令人難以置信。也許，這是場噩夢，而我將會醒來。

然而，身軀下拍擊的海水、頭上呼嘯的風聲、四周洶湧的海浪、又冷又濕的睡袋，在在都讓我嘗到真實的滋味。那滋味，前所未有的分明。

又過了一個漫漫長夜，第三十個小時來到。

我關掉了ERIRB，我本來就不認為它能發揮作用。下一個機會，是等我抵達紐約至南非的水路航線。航空交通的路線往往依循著水路航線，可是這個航線最多也只能給我一個微小的機會，因為從紐約到南非路途遙遠，要直飛很困難。不過，等我進入那些航線的範圍之內，微小的機會看起來也可能有希望。就算沒有飛機收到我發出的無線電訊號，大洋航線上的船隻還是可能會看見我。

我想，自己能抵達那些航線的機率是百萬分之一，而等我到了那裡，被看見的機率，又是另一個百萬分之一。

≈那一刻，我寫下了自己的墓誌銘

二月六日，第二天。

我以為自己聽見了飛機的低鳴聲，站起來四處張望，卻什麼也沒有。除了風聲灌滿了我的耳朵，什麼也沒有。

回到救生筏裡，聲音有時候聽起來很真切，我覺得那肯定不是我的想像。於是，我又把ERIRB打開了幾個鐘頭，然後每隔一段時間就開一下，直到使用時間超過三十六個小時。剩下的時間，得留到以後再用。看來，那想必不是一架飛機，而是風吹在救生筏橡皮胎上的聲音。

不斷出現的虛幻聲音倒是提醒了我，從我這小小巢穴裡所能看見的何其少。有多少船隻和飛機，會在我完全沒察覺的情況下經過？

我拉開一罐花生，慢慢地吃，品嘗每一粒花生的滋味。今天是二月六日，我的生日。這跟我原本計畫的生日大餐有點出入。

我度過了整整三十年愉快的時光，但是到底做了哪些事？我決定，寫下自己的墓誌銘。

史帝芬・卡拉漢

生於一九五二年二月六日　卒於一九八二年二月六日

幻想
作畫
造船
死亡

我這一生，似乎乏善可陳，就跟空無一物的海面一樣。想到就讓自己沮喪。

強風呼嘯了三天，海浪在陽光下閃閃發亮，風在海浪的藍色胸膛上吹起鬍子般的白沫。白天，陽光替我冰冷的世界帶來一絲溫暖；但一到夜裡，風浪翻騰得更加厲害。就算在這種亞熱帶的氣候中，水溫也在華氏六十五度以下（約等於攝氏十八度），所以在太陽升起之前，我就會有體溫過低而死亡的危險。赤裸且渾身疼痛的我，裹在一片濕冷的金屬箔和一個濕透的睡袋裡，冷得發抖，周圍的世界轟轟作響，搖來晃去，我只能斷斷續續小睡片刻。拍打在救生筏上的海浪，聽起來就像砲彈聲。

因為持續浸泡在鹹水裡，我的皮膚長了上百個瘡；而濕透的T恤和睡袋，也讓瘡的數量不斷增加。下背部、屁股和膝蓋上，全布滿了破洞和擦傷。傷口在發臭，但我猜想傷口是乾淨的。鹽分燒灼著柔軟的腐爛傷口，常讓我在灼痛中醒來。救生筏太小了，沒法讓我把身體伸展開來，我必須側躺，把身體蜷起來。至少這有助於讓傷口保持乾燥。

我在救生筏底部，發現了兩個小洞，這解釋了海水為什麼會不停滲進來——可能是我在棄船時不小心坐在刀子上，這也解釋了我下背部的幾處割傷。

修補工具箱裡，有黏膠和幾片救生筏的橡皮材質，說明書上說，在把補丁貼上去之前，要先「**確認救生筏是乾的**」——這是在耍我嗎？

我用工具箱裡的小片塑膠和幾團黏膠把那兩個洞塞住，底部暫時乾了，但是水珠在塞子周圍漸漸滲進來，使得黏膠無法附著在潮濕的橡皮上。我試了三次，花了兩個小時，把膠帶、繃帶和打火機全用上了，總算讓一片補丁勉強黏住。由於海水不斷衝擊，筏內始終潮濕，我沒有把握它能撐多久，但是筏內慢慢乾燥起來還是讓我精神一振。現在，我的身體能夠漸漸變乾，在橡皮牆裡的生活將會大有改善。我從臨終的床上坐起，哪怕只是暫時。

≈救生筏上，要有哪些東西

我看過很多巡航船，出發時只帶著最低限度的緊急裝備，我所做的準備要比大多數人都好。救生筏的裝備袋裡裝著：

- 六品脫罐裝水（一品脫約等於〇．四七公升），罐子上有塑膠蓋。之後這些罐子可以充當存水容器。
- 三夾板做的短槳兩柄。我並不打算划到加勒比海去，不過也許可以用來趕走鯊魚。
- 用手投擲的降落傘信號彈兩枚，手持的紅色信號筒三個，手持的橙色煙霧信號筒兩個。
- 海綿兩塊。
- 摺疊式雷達反射器一個，原本是要固定在杆子上的。但救生筏上沒有杆子，而且獨行號雖然有兩個反射器架在離甲板十五呎高的地方，也不見得總是會出現在雷達上，所以我懷疑這東西的用處。
- 太陽能海水蒸餾器兩具。
- 開瓶器兩個，破掉的藥用量杯一個，還有暈船藥丸。
- 急救箱一個，裡面的東西是袋中唯一乾燥的東西。

・摺疊式橡皮臉盆一個。
・聚丙烯引纜繩一條，一百呎長，八分之一吋粗。
・求生海圖、半圓規、鉛筆和橡皮擦。
・手電筒一支，反光鏡兩個。
・救生筏修補工具箱：黏膠、橡皮補丁、螺絲狀的圓錐形塞子。
・所謂的釣魚工具：五十呎長的細繩和一個中型鉤子。

救生筏上還繫著一把鈍頭刀子，避免膠筏不小心被刀刺破。然而，那把刀子的刀鋒幾乎什麼也割不破。用這把刀來剖魚，就跟使用一根球棒相差無幾。

我很高興還有我自己的緊急用品袋，袋子裡有：

・一個塑膠保鮮盒，裡面有鉛筆、廉價商店賣的幾疊紙、塑膠鏡子、半圓規、帶鞘的刀子、瑞士刀、不鏽鋼工具組、帆繩、鉤子、捕魚繩、十六分之三吋粗的繩子、兩根螢光棒，還有道格・羅伯森所寫的那本《海上求生》（*Sea Survival*）。除了急救箱裡的東西，救生筏上就只有這個盒子裡的東西還是乾的。
・太空毯，已經拆開了——就是我裹在身上的那層錫箔。閃亮的薄薄錫箔能夠留住體溫，把體溫再反射回所覆蓋的人體上。

・一些塑膠袋。
・另一具太陽能海水蒸餾器。
・幾個松木做的塞子，用來修補破洞。
・另一條一百呎長的引纜繩。
・各式各樣的不鏽鋼錨鉤環。
・各式各樣的繩子：包括約八分之一吋粗的一百呎、四分之一吋粗的一百呎，還有綁在救生桿上那條長七十呎、八分之三吋粗的繩子，就拖在救生筏後面。
・ERIRB，已經拆開使用了。
・維利式信號槍一把，加上紅色降落傘信號彈十二枚、紅色流星信號彈三枚、手持的橙色煙霧信號筒兩個、手持的紅色煙霧信號筒三個、手持的白色信號筒一個。
・兩品脫水，裝在一個塑膠罐裡。
・八分之一吋厚的三夾板兩塊，可當砧板用。
・舵栓和舵樞各兩個：船舵的配件。
・短魚槍一把。
・食物一袋：十盎司花生（一盎司約等於二十八公克）、十六盎司烤豆子、十盎司鹹牛肉和十盎司浸過酒的葡萄乾。

・小型閃光燈一個。

除此之外，我還搶救到一小塊封閉式泡棉、一磅重的包心菜一顆半、從主帆扯下來的一塊帆布、救生桿和馬蹄鐵形狀的救生圈、我的睡袋，還有一把皮革刀。

羅伯森那本求生手冊，是我好幾年前特價時買的，如今這本書對我來說，簡直比一個國王的贖金還值錢。

魚槍，是在加那利群島買的，在獨行號上到處都找不到合適的地方放。後來，我的頭撞到那把魚槍好幾次之後，終於想到了一個主意：可以把它塞進緊急裝備袋裡。我先把箭頭拆下，再稍微推拉一下，終於讓那把魚槍滑進袋子裡。事後證明，我把魚槍放進緊急用品袋裡，實在是老天爺的眷顧。

≈給自己一個撐下去的理由

我開始記下自己的健康狀況、救生筏的狀況、還有食物跟飲水的分量。我也做航海紀錄，並且開始寫航海日誌。

「我失去了一切，除了我的過去，我的朋友，當然還有我身上的衣服。呵，我能成功嗎？我不知道。」搖晃中，我盡可能穩穩地寫在三乘五吋大小的廉價便條紙上。由於救生筏不斷地搖，就連寫字這麼簡單的事都要費很大的力氣。我只有在確定救生筏不會翻覆或淹水時，才能把這些筆記拿出來，寫完了，再把本子放進塑膠袋裡，外面再套上一個塑膠袋。每一個袋子都小心翼翼地綁緊，再跟我的求生手冊一起放進另一個塑膠袋裡，最後放進我的裝備袋。

假設救生筏保持完好，而我沒有取得更多食物或飲水，我最多只能撐到二月二十二日，也就是再撐十四天。我也許勉強能抵達大洋航線，在那裡我有一絲絲被看見的機會。到那個時候，脫水現象所造成的損害會顯現出來，我的舌頭會腫脹，直到塞滿我的嘴，之後會變黑。我的眼睛會深深凹陷，死亡會來敲我精神錯亂的心門。

一秒一秒的滴答聲，間隔無比漫長，我提醒自己，時間是不會靜止不動的。一秒接一秒，會像籌碼一樣堆疊起來，秒會疊成分，分會疊成時，時會疊成日。時間會過去。幾個月之後，我會舒舒服服地坐在未來，回顧這座地獄……如果，如果我夠幸運的話。

絕望搖撼著我。我想哭，但是我斥責自己：忍住，嚥下去，你負擔不起讓水分流失的奢侈。我咬住嘴唇，閉上眼睛，在心裡哭泣。求生，把精神集中在求生上！

下方是兩海里深的清澈海水，我或許能從中捕捉到一餐食物；但可及的深度內，卻看不見任何生物。此刻的波浪太大，還不能把太陽能海水蒸餾器放進海裡。就眼前來說，我能做的只有一件事：繼續盼望被發現。

救生桿在救生筏後方劃出一道水跡，當救生筏消失在波谷中，桿上鮮豔的旗子會在每一道波浪上高高揚起，這應該有助於讓經過船隻看見我。只要獨行號還浮在海上，那麼有人碰巧看見殘骸的機會就會加倍。這是件小事，但我現在也只能去想這些小事。「廉價的娛樂也是娛樂。」這句話在我腦中迴盪。不好笑，我臉上沒有笑容，但還是盡可能地放輕鬆，好降低自己的緊張。

現在能做的事很少，除了瞭望遠方，以及作白日夢。

我的人生，不斷以錯綜複雜的細節從我眼前經過，像一部二流電影反覆重播又重播。我試著轉移思緒，去想如果我獲救的話，想做些什麼事？我會花更多時間跟爸媽和朋友相聚，讓他們知道我愛他們；我幻想著未來的計畫，幻想著回到家，設計船隻和救生筏，幻想著快樂的大餐，用這些白日夢來減輕我的絕望。

別再想了！你並不在那未來，你在這裡，在煉獄之中，不要給自己不切實際的希望，想想該如何求生吧！然而作夢的渴望流連不去，這是一種調劑。我漸漸接受了過去令我失望的事，開始看出我有過寶貴的經驗和訓練，說不定，足以讓我在這種情況下活下去。

如果我能度過難關，我就能過更好的生活。就算我活不到三十一歲，也許我能讓這段時間有點用處。我寫的東西或許會被人在救生筏上發現，即使我已經死了。我寫的東西或許會對其他人有些啟發，特別是那些可能置身於類似處境的航海者，這是我能提供的最後一項服務。夢想、點子和計畫不僅是種排遣，也給了我目標，給了我一個撐下去的理由。

≈當你漂流在海上，口渴時千萬不要喝海水

二月八日，第四天。

隨著二月八號早晨的來臨，強風稍微平靜了些。波濤仍舊朝我們撲來，但少了蜷曲的浪頭，撲打救生筏的次數也不像先前那樣頻繁。

我向外望著那片液態的沙漠，沒有綠洲，沒有飲水，也沒有能遮蔭的棕櫚樹。就跟一座沙漠一樣，這裡也有生物，只不過這些生物經過千萬年的演化，沒有淡水也能生存。

一小團馬尾藻從旁經過，朝著北方漂去。馬尾藻是海洋中的風滾草，沒有根也能生長，在海水表面自由漂流。壯觀的馬尾藻海位於西北方，相傳那裡有數百艘老舊的廢船讓大量的水草給絆住。不過這裡的馬尾藻很少，可惜，不然這些水草可以幫助我判斷自己的速度。

全世界的海水不停地流動。海洋裡也有天氣，就跟大氣層裡一樣。海水底下的激流，橫掃過海峽和海底山脈的峽谷。在地球表面，風的流動會影響並反映出大洋洋流的水流。在某些區域，海洋幾乎一動也不動，簡直可以說是停滯的；但在另外一些區域，海水的流動會像高速公路上的車流一樣。這些巨大的海水公路，包括了灣流、阿哥拉斯洋流、洪堡洋流、南赤道洋流、印度季風環流和拉布拉多洋流。有些洋流的速度之快，可超過每日五十海里。我漂流的速度比較慢，每天約六到十二海里，穩定地朝著加勒比海前進。

漸漸的，彷彿有人踩下了油門。強風把我吹進了超車道，讓我以快過水流的速度向前漂。

手邊的印度洋航海圖，現在對我一無用處，於是我把它撕了，把碎紙揉成一團，放在水裡浸濕，以免它們被風吹走，然後看著它們漂開。在海面上，它們花了兩分多鐘才抵達那根救生桿的位置。那是在救生筏後方七十呎處，也就是九十分之一海里。透過這個因陋就簡的里程計，顯示我現在只以每天八海里的速度在水上前進。把洋流也計算進去的話，平均每天是十七海里，也就是說，要再花二十二天，我才能抵達大洋航線。這太久了，實在太久了。

是該漂快一點了。海錨像隻水母一樣在水中振動，拖在後方的海面上，我把它拉了起來，並確定可以隨時再把它放回海中，否則遇到大浪，救生筏可能有翻覆的危險。

救生筏航行的情況現在好些了，在緩緩向前滑行時，能比較輕易地躲開海浪的擊打。現在我的速度是每天二十五到三十海里，距離大洋航線仍然很遙遠，但是隨著速度增加，我多了一絲絲樂觀。至少在理論上，是有機會的。

我用刀在那個一公升裝的透明塑膠罐上，劃出淺淺的痕跡做標記，規定自己每天只能喝半品脫的水。要維持每六個小時只喝一口水，真的很困難，但我已經決定不喝海水，羅伯森和大多數的求生專家都說，喝海水太危險。因為海水雖能立即解渴，但海水的鈉含量太高，必須靠尿液排出，甚至會從身體組織裡帶走更多的水分，很快地，就會留下一具乾枯的屍體。

我試著使用第一具太陽能蒸餾器。這是個可充氣的氣球，據說可以蒸餾海水。在有陽光且風平

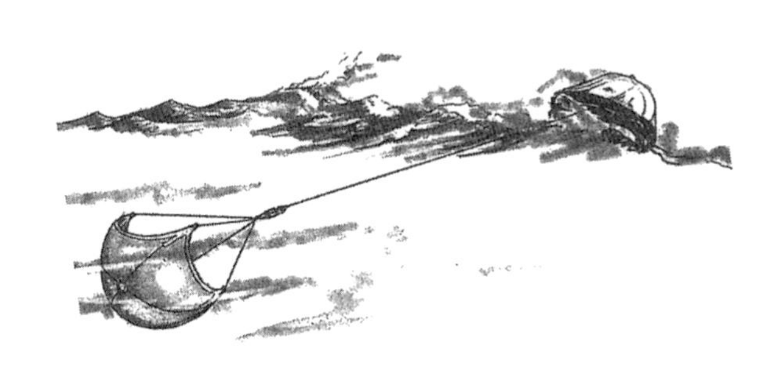

海錨像隻水母一樣在水中抖動，拖在後方的海面。它是由一塊正方形的布料製成，以一條繩索連接在救生筏上，有一個轉環避免布料纏在一起，還有一條長長的繫船纜。實際上，海錨就像水中的降落傘，只不過起作用的方式是水平而非垂直。當海浪試圖把救生筏拋起或掀翻時，海錨可以增加對海浪的阻力。不過，它也讓救生筏無法快速向前滑行。

浪靜的熱帶氣候中，它按理可以每天用海水製造出兩品脫的淡水，相當於存活一至兩天所需的最低分量。

我把氣球吹起來，按照使用說明把它放進水裡。它行走的速度，跟救生筏大致相同。有時候會與救生筏相撞，有時候會隨著一道經過的海浪領先前行，直到繩帶繃緊了才猛然停下來。沒多久，氣球癟了下來，而且拒絕再被充飽。我找不到任何破洞，心也開始往下沉。

於是我再試第二具蒸餾器，這次它一直維持在充飽的狀態，有希望了！一個小時後，淡水收集袋裡裝了將近八盎司的水。太棒了！我可以累積存水了！我把集水袋拿起來，喝了一口……鹹的！居然是該死的海水！在只剩下六品脫水的情況下，我最多還能活十六天。

≈獨行號啊，我需要一個奇蹟……

我頹然倒回救生筏的迎風面，頂篷替我擋住了灼熱的太陽。我的思緒回到獨行號上，那一夜，那一撞，那聲巨響，滔滔的海水。我聽得見，看得見，感覺到洶湧的海水在我頭上高漲。快逃出去，她要沉了……**沉了！**絕望和失敗的幽靈，從我眼前飄過。獨行號，到底發生了什麼事？我的寶貝，是我把妳造得太脆弱了嗎？妳碰上了一根浮木嗎？還是撞上了一個卡車貨櫃？

我這艘快船，不太可能撞上任何漂流物。因為撞擊力來自船的側面，不是迎頭撞上。獨行號一停，我很快就爬到甲板上，如果有任何大到足以造成這般損害的漂流殘骸，我應該會看見。想必是某個迅速移動的龐然大物撞上了我們。從甲板上，我也沒看見任何船隻，那東西，來自大海本身。

也許是隻鯨魚。

幾年前我駕駛一艘三十五呎長的三體帆船，在墨西哥灣流裡就撞上了一隻四十呎長的抹香鯨。對同行的船主而言，那是他在同一年前往百慕達的兩次航行中，第二次碰上鯨魚。當時我們運氣很好，一個船身迎頭撞上那座活生生的小島，但是鯨魚跟船都沒有受到重大損傷。然而，羅伯森和貝利兩家人的船卻都被鯨魚撞沉了。鯨魚會趁著夜間較大的浮游生物出現，靠近海面覓食，在這樣的情況下，不會察覺獨行號在洶湧的波濤中靜靜前進。一隻中等體型的鯨魚有三十五噸重，以十海里的時速撞上獨行號的側面會造成很大的損害，而這一撞，甚至不會中斷鯨魚的覓食活動。

我見過許多鯨魚——喜歡嬉戲的鼠海豚、好奇的圓頭鯨、龐大的長鬚鯨，還有強壯的抹香鯨。牠們從海底深處冒出，毫無預警，突然之間一隻龐然大物就在眼前。在那一剎那，一種深刻的情感——不是恐懼——從我靈魂深處浮現。如同看見一個我以為再也不會見到的朋友，他奇蹟般地出現，也可能同樣突然地永遠消失。不論何時，只要這些碩大的精靈從海底深處浮現，我都會感覺到空氣中有一種美妙的電流，一種洋溢著巨大知性和感性的靈氣。在這種瞬間的相遇中，我感覺到這個朋友生命和靈魂的偉大。

我不喜歡捕獵鯨魚這回事，可是話說回來，我常覺得美好的「生態平衡」，其實就只是所有的東西互相捕食。在某種程度上，我羨慕亞速群島的人和愛斯基摩人，他們從小船上投擲魚叉捕鯨，必須以危險的近距離接近他們的獵物。當獵人和獵物的機會均等，雙方勢必由於互相理解，而以一種獨特的兄弟之情緊緊相連。

我低頭看著掛在脖子上，一個用細繩貫穿的鯨魚牙齒片。這玩意兒，究竟意味著什麼呢？我身上有一小部分切羅基印第安人（Cherokee）的血統，我想起祖先們的習俗，他們會用裝飾品，把自己跟在大自然的對應物連結在一起，比如老鷹的羽毛、熊的爪子。還有什麼能比戴著一件紀念海中這些偉大精靈的東西更適合我呢？我會覺得跟鯨魚這麼親近、戴著牠們死後留下的飾物，並受到牠們的試煉，這是巧合嗎？還是有更深的……不，我不相信這回事。世界上每一秒鐘發生的無數事件當中，一定有很多，都是很奇特的。生命必須靠食物來維持，也需要意義來滋養，而故事，能為生命帶來意義。

這一刻我需要的，是那種最獨特也最難想像的情況：難得的巧合、不太可能發生的狀態、奇蹟——我需要一個奇蹟故事。我能把自己人生的這一章，變成一則傳奇嗎？鯨魚會是我的圖騰、我的人生象徵嗎？我正經歷的這一切，是要以鯨魚為圖騰的人，所必須經過的考驗嗎？

還剩下六品脫的飲水，夠讓我再活十六天嗎？也許我能接到一點雨水，讓我再撐二十天。只要救生筏不受損，我就有機會。

≈來吧，美人兒，再靠近一點

一道魚鰭突然劃破海面，就在救生筏前方。我撲向出口，胡亂抓起短槳想把牠趕走。冷藍色的細長身形從我下方游過，並沒有費勁趕上我們的速度。

下一道海浪襲來，遮蔽了我的視線，那身形衝向前方，消失在視線之外。牠不大，一顆四呎長的海洋子彈。我從眼角瞥見另一片魚鰭，迎面衝進下一道海浪裡。牠斜著朝我游來，剛剛好從救生筏前面衝了過去。

那不是鯊魚，是魚。一條魚！一條美麗、多肉又可愛的鬼頭刀！

我趕緊在緊急用品袋裡東翻西找，把那支魚槍和箭頭抓出來。等等……萬一那條魚力氣很大呢？我匆匆把繩子穿過魚槍的把手，綁在救生筏上。我的胃咕嚕咕嚕地叫，四天來，我只吃了一磅食物。我興奮得全身顫抖。

我必須當心海浪。當我的重量位在較低的一側，一個浪頭就能輕易地讓救生筏翻覆。有時候我得跳回迎風的那一側，等待濺起的浪頭平息，一邊觀察那些鬼頭刀。牠們長約三到四呎，想必有二、三十磅重，力氣大到難以捕捉。在加那利群島有個水手曾跟我提過，有條鬼頭刀擊碎了一艘船的駕駛艙，包括用螺絲拴緊的方向盤底座。牠們的頭部呈方形，背鰭從頭部延伸到海藍色的背部，直抵鮮豔的黃色尾鰭。當牠們衝進浪裡，從遠處就能看見牠們的尾巴刺穿了水面。這種魚被公認為靈活、強壯、美麗——而且好吃。

我不曾捉到過鬼頭刀，甚至不曾在海洋裡見過牠們。大海對牠們來說，顯然不是什麼危險的地方，這是牠們的家，牠們的遊戲場。幾條鬼頭刀在大約六呎之外的地方巡游，剛好在射程之外，但是出於好奇，牠們偶爾會游近。水面的折射讓我很難瞄準，而搖晃的救生筏也不利於發射。我試了幾次都沒有命中，而且差得很遠。太陽下山時，我仍舊饑腸轆轆。

接下來的兩天，帶來了更多的陽光、風、大海和鬼頭刀。牠們躍出水面，劃出一道十呎高的弧形，以體側落下，看起來就像躍出海面的靈活鯨魚。趁著嘴巴不忙於流口水的空檔，我會胡言亂語著：「來吧，美人兒，再靠近一點。」我對牠們輕聲細語，可惜，牠們靠近時，我的魚叉卻沒能命中目標。

我腦子裡浮現對食物和飲料的幻想，一再想起獨行號，想起那好幾磅的水果、堅果、蔬菜，還有船上幾加侖的飲水。我彷彿看見自己打開櫃子，把食物拿出來。我盤算著當時如果怎麼做就能拯救我的船——挪動備用品，丟掉壓艙物，讓她在海中浮起來再度航行。假如我們沒有分開的話，此刻會怎樣？假如我們沒有離開加那利群島的話，又會怎樣？假如……別再想了！她走了，還是專注於現在，專注於求生吧。

我再次試著使用蒸餾器。當它往前漂動時，集水袋就拖在後面，導致淡水無法流進去，所以我必須時時把少量的水，從氣球裡倒出來。一整天下來，蒸餾出來的淡水總共是半品脫。然而，海水不斷擊打著蒸餾器，以致拴繩的護片常被扯開。往往我把水倒出來時，才發現水是鹹的。

我身體對水的迫切需求越來越強烈，願意用任何東西來交換一杯水，但現實卻是：我只能偶爾喝一口。我打開第一罐飲水，還剩下五品脫。如果能抓到新鮮的魚來補充不足的水分，我也許還能再撐十五天，否則也許只剩下十天可活了。

至少，筏上的東西都曬乾，夜裡我能睡覺了。我藉由作夢來逃脫困境，但每個小時都會醒來，回到我這救生筏的牢籠裡。摩擦的橡皮扯掉了我的頭髮，我全身的關節，渴望著能把身體伸展開來。

≈飢餓，吞噬了我的脂肪、我的肌肉，然後，我的理智

二月十日，第六天。

風吹得凶猛，大西洋繼續「跳著曳步舞」——這是水手的用語，用來形容大西洋這種常見的混亂波型。山脊般的海浪從東北方、東方和東南方湧來，擊碎在救生筏的三邊，讓它不停晃動，像是搖滾樂舞蹈。還好，至少我們更朝著西方走了，直接朝著西印度群島的方向。

但世事總是有一好無兩好——補過的救生筏底部，現在又被掀開了。我先是猶豫是否該用掉剩下的修補工具，隨後還是把它封住。我覺得很虛弱，蒸餾器只能製造出帶有鹹味的水，而我規定自己每天不能喝超過半品脫的存水；那些鬼頭刀很美，但卻剛好游在我的射程之外，以難以捕捉的快

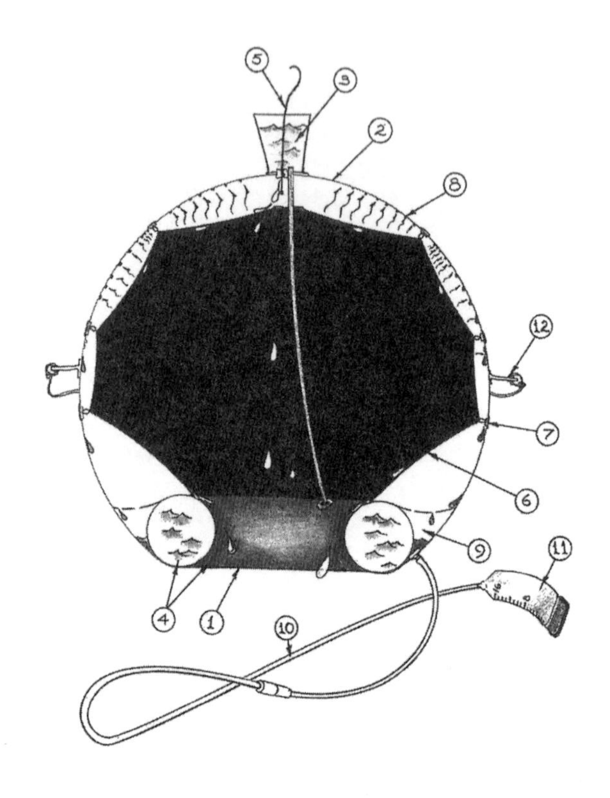

太陽能海水蒸餾器。我使用的蒸餾器是軍隊的剩餘物資，已經停產，不過其他的蒸餾器也依照類似原理運作。這種蒸餾器據估計每天最多能產出 32 盎司的淡水，是存活兩天所需要的量。在運作最順利的日子裡，我能產出 30 盎司淡水，但通常只能得到 16 盎司。一塊布構成的底部 ① 讓多餘的海水能夠滲出去。在浸濕情況下，這塊布不會讓空氣逸出，使得塑膠氣球 ② 能被充飽。海水灌入頂部的集水器 ③，最初的半加侖水會順著一根管子流入海水壓艙圈裡 ④，集水器裡多餘的海水會從一個小小的閥門滴下去。一條活動的繩子 ⑤ 讓閥門保持暢通，並幫助調節流量。海水從這個閥門滴到一塊黑色布芯上 ⑥。布芯以扣環 ⑦ 吊掛在氣球邊上，使布芯跟氣球能夠保持距離，否則布芯裡的海水會流進氣球而污染了蒸餾液。當黑色布芯漸漸吸飽海水後，其中一些會蒸發，在圖中，這些水氣以彎彎曲曲的箭頭來表示，水氣會在氣球內表聚集成小滴的淡水 ⑧，這些水滴慢慢流到蒸餾液收集處 ⑨，再從這裡順著一根管子 ⑩ 流到收集袋裡 ⑪。管子配有一個配件，可以讓我取下袋子，把裡面的淡水倒出來。袋子用一塊鉛增加重量，讓水能流得更順暢。一個垂邊和一條收緊繩 ⑫ 繞過蒸餾器的中央。這個蒸餾器是設計放在海水中使用的，但我卻必須在救生筏上使用。

速動作在戲弄著我。

就在這時，一條從很近的地方游過，我射出魚槍，魚叉的力道把我的手臂扯得直直的。射中了！救生筏一陣晃動，那條魚還是游走了，只剩銀色的箭頭軟軟地垂在繩子末端——因為力道太小，無法把魚身穿透。

飢餓吞噬了我的脂肪，再來會吞噬我的肌肉，然後是我的理智。

我在筏邊彎下身子，望進海裡。沒有魚，沒有水草，只有一片空蕩蕩的藍色。難道，我錯過了唯一的捕食機會？牠們就這樣走了嗎？說時遲那時快，一道影子出現在四十碼之外，以驚人的速度朝著救生筏滑過來。看著那十呎長的米灰色身體，加上明顯的錘形頭，我心中立刻明白那是什麼：是食人鯊！背鰭並未突出於水面之上，牠光滑的長長身軀幾乎不必動就能前進。

我的心怦怦地跳，雙手緊緊握住魚槍，如果輕易射出去，就會失去箭頭。我注視著鯊魚從我下面滑過，緊貼著水面，又以優美的急轉彎繞了回來，速度更快了，彷彿在離心力的作用下加快速度，朝著救生筏逼近。我的嘴巴很乾，雙臂顫抖，冷汗直冒。

幸好牠繞完了整整一圈，隨即衝進風裡，融入藍海之中，就跟牠來時一樣快。這幅景象，我畢生難忘。接下來，牠們會頻繁出現嗎？我告訴自己，絕對不敢離開救生筏下水。

我想著關於上帝的事。

我相信上帝嗎？說不上來為什麼，我無法接受一個超人的形象，但我相信，萬物奇妙、超乎物質之外的道理——存有、自然、宇宙。我不明白這個道理實際上如何運作，只能猜想並期盼，我能夠繼續是其中一份子。

沒有一件事，看起來有希望。那個馬蹄鐵形狀的浮板救生圈，摩擦著救生筏的橡皮胎，現在我每天要替膠筏充氣四次，才能讓它維持飽滿。但這額外的磨損，也意味著災難。於是我決定用這個浮板，來當我的「瓶中信」，寫下我的留言。

我把浮板切割成兩半，白色的保麗龍碎屑噴得救生筏上到處都是，我把絕望的求救信，包在塑膠袋裡，用膠帶黏在切半的保麗龍上。「情況很糟，看來還會更糟，我大概的位置是……漂流的方向和速度是……請通知並轉達我的愛給……。」我把它們扔到海上，看著它們朝南方漂去，希望會有人看見它們。如果獨行號尚未沉沒，那麼連救生筏在內，我就留下了四個可能被發現的遺跡。

≈如果飢餓是女巫，口渴就是她的詛咒

二月十五日，這是我在救生筏上的第十一天。

每一天，都像永無止境的絕望歲月。我花了好幾個小時，評估自己存活的機會、體力的狀態，以及與航線之間的距離。

救生筏的情況大致還不錯，雖然當鄰近的浪頭拍下，海水會從頂篷的眺望口滲進來。有一夜，

我們衝上一道巨浪的前端，在翻滾的浪花上滑行了好幾秒，彷彿掉進了一座瀑布。昨夜，我們還差點翻覆，所有的東西都浸濕了。然而今天，一片平靜而炙熱的大海圍繞著我，烈日當頭，廣袤的大海像個液態煎鍋，筏上的物品又曬乾了。我歡迎陽光和平靜的大海。

當皮膚是濕的時候，我身上的瘡疤會被撕裂開來；但在陽光下，它們會漸漸痊癒，海水造成的瘡傷，今天大都已經消失了。我的胃裡空蕩蕩的，一種無法理解的、永不停歇的渴望，每一夜都到我夢中拜訪。

我腦中幻想著巧克力聖代，以及各種不同口味的冰淇淋，昨晚還差點就吃到了熱烘烘的奶油全麥餅乾。但是餅乾從嘴邊被搶走了，因為我醒了過來。我不知花了多少時間，想像著回到獨行號上，去蒐羅那些水果乾、果汁和核果。飢餓是個擺脫不掉的巫婆，她的咒語喚出這些食物的幻象，加深了我的痛苦。

我看著我的存糧：豆子罐頭已經膨脹，我不敢吃，怕肉毒桿菌中毒。

可是，搞不好這些豆子還能吃呢？

別傻了！快，把豆子扔掉！扔掉，我命令你！

罐頭噗通一聲落進水裡，那聲音令人難受。

我只剩下兩個包心菜梗和一包潮濕發酵的葡萄乾，菜梗又黏又苦，但我還是把兩個都吃了。

一種體型較小的魚出現了。大約十二吋長，嘴巴又小又緊又圓；小小的肢狀鰭，像小手一樣在身體前端和尾端擺動；又大又圓的眼睛，滴溜溜地轉著。牠們從救生筏下方迅速衝過，用有力的下頷啄著筏底。難道牠們想吃救生筏嗎？這些應該是砲彈魚，吃珊瑚的楔尾砲彈被認為有毒，但是海難倖存者經常食用大洋上的砲彈魚，卻並未吃出病來。不管了，只要能吃就好，任何能夠讓我不再饑腸轆轆的東西都好。也許我很快就會發瘋，開始吃紙，喝海水。

過去當我航行出海時，常會發現自己變得有些精神分裂，只是還沒有到精神失常的地步。我發現，自己會分裂成三個部分：身體的、情感的，和理性的。單獨航行的人常常會自言自語，針對該如何解決某個問題，徵求另一個自己的意見。試著換成另一個人來思考，得到一種新的觀點，說服自己採取正面的行動。當我身處險境或是受了傷，「情感自我」感到害怕，「身體自我」感到疼痛，這時候我會本能的仰賴「理性自我」接過指揮權，來控制害怕和疼痛。航行的時間越長，這種趨勢就會隨之增強，指揮全局的理性自我、感到害怕的情感自我，以及脆弱的身體自我，三者之間的界線綳得越來越緊。我的理性指揮官靠著希望、夢想和自我解嘲，來釋放其餘自我的緊張。

我在航海日誌上寫道：「那些鬼頭刀還在，美麗又迷人，我向其中一隻求婚，可是她爸媽聽都不想聽，說我的顏色不夠豔麗——居然連這裡也有討厭的老頑固！他們還認為，我的前途不怎麼光明，這樣講，倒也沒錯。」

盯著那些魚，讓我的胃痛得更厲害。我的捕魚行動一再失敗。我刺中了一條砲彈魚，卻被牠掙脫。我還做了一個魚餌，把鉤子、白色尼龍網和錫箔紙綁在一起，然後塞進一小塊珍貴的鹹牛肉。一條鬼頭刀重重地衝過來，毫不費力地吞下那粗粗的鱈繩。長長的繩子拖在牠嘴邊，現在我很容易就能認出這條魚。但我沒有金屬前導線，無法用鉤子和繩子來捕捉這些魚，只能倚靠那把魚叉。

終於，我正中目標，魚叉擊中了！一尾鬼頭刀掙扎著跳出水面，狂亂地扭動著。為了避免尖端刺到救生筏，我伸手抓住魚叉，把魚拖了上來。但才剛拖到救生筏邊上，牠突然一陣猛烈搖擺，又逃走了。

≈閒著也是閒著，來自製蒸餾器吧

沒有食物的我，也許還能再活二十天。

如果飢餓是巫婆，口渴就是她的詛咒。那種渴，會使人不得安寧，讓我巴望著每一分鐘快快流逝，等待喝下一口水。頭九天裡，我每天只喝一杯水。白天的氣溫在華氏八十度到九十度左右，我每嚥下一口水都要間隔個好幾小時。為了保持涼爽，減少出汗，我把海水潑在身上。乾燥的風吹痛了我的嘴唇，有一天傍晚下了點雨，但是那點水氣很快就蒸發了。這兒的風來自美洲，兜了一個大圈子先吹向北邊和東邊，直到抵達歐洲，然後颳向南邊，一路上降下雨水，等到抵達這個緯度，又再往西邊吹，風中大部分的水氣都已經被擰乾了。有些空氣就跟那風不久前剛經過的撒哈拉沙漠一樣乾燥，雨水相當稀少，要等到風吹過足夠的海面、吸收海洋蒸發的水氣後，情形才會改觀，而那將會是在我此刻所在位置更西邊的地方。

第二個太陽能蒸餾器被海浪擊破，消了氣。這個蒸餾器始終沒能好好運作，問題出在哪裡？

我開始想，要自己動手做個筏上蒸餾器——利用那個保鮮盒，裡面再放些罐子。如果我能讓海水從罐子裡蒸發，蒸發的水氣或許會凝結在一個有如帳篷的覆蓋物上，然後滴進保鮮盒裡。

為了吸收更多熱能，同時增加罐子裡水氣蒸發的表面積，我決定把其中一個太陽能蒸餾器的黑布塞進罐子裡。如果我把一個蒸餾器拆開，也許能夠找出問題所在。雖然我會失去它，但是以它們目前的狀況也沒什麼用處。於是我割開了其中一個，發現淡水會被海水污染，是因為塑膠氣球的充氣不完全，導致那塊黑布碰到氣球的內側。此外，在浪潮洶湧的海面上過度搖晃，也可能會讓那塊黑布芯上的海水灑到蒸餾出來的淡水中。所以，問題不止一個，得從多方面解決才行。我必須找出氣球上所有的破洞，把那些洞塞緊，同時讓蒸餾器保持平穩。

我自製的蒸餾器一敗塗地。海水蒸發的速度太慢了，而且這套克難設備過於通風，無法讓水氣在盒蓋上凝結。還好，我讓僅存的那個蒸餾器運作起來了，我把它綁在靠近救生筏的地方，免得被海浪拋來拋去。只是這樣一來，蒸餾器會跟救生筏互相摩擦。於是我心想：何不試著把它放在救生筏上？我把蒸餾器拉起來，放在上層橡皮胎的邊緣，好好綁住。氣球稍微癟下去一點，但是還留在原處，而且布芯沒有碰到氣球的塑膠面。蒸餾出來的水，流動情況也改善了，因為現在蒸餾水收集

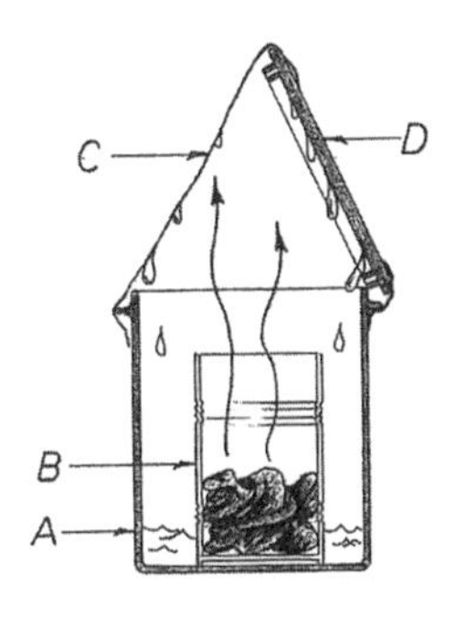

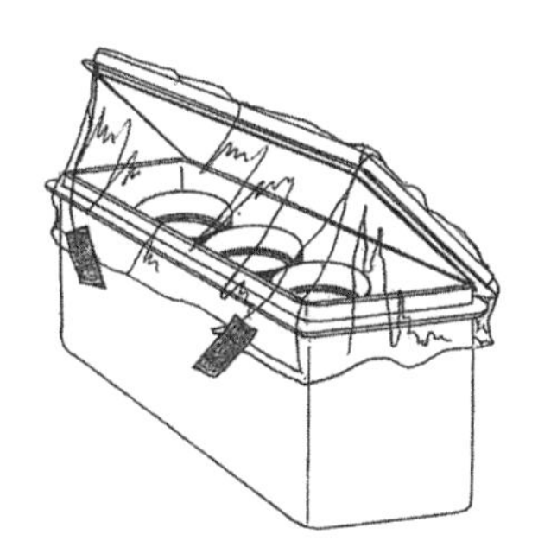

我企圖做一個能擺在救生筏上使用的太陽能海水蒸餾器。右邊是透視圖，左邊是剖面圖：（A）保鮮盒；（B）我在盒中放了三個空水罐，在每個罐子裡塞進我從割開的那具蒸餾器裡拆下的黑布，並把布用海水浸濕。比起只是漂浮在罐中的海水，這塊布按理會吸收更多熱能，加大水氣蒸發的表面積。理論上，淡水的水氣會升起，集結在我用膠帶黏在前端、末端（C）以及保鮮盒盒蓋上（D）的那塊塑膠篷上，然後順著側面滴下，匯集在那幾個罐子四周的盒子底部。這個實驗失敗了，我沒有足夠的膠帶能把盒子上的塑膠篷徹底封住，而且膠帶在那個滑不溜丟的盒子上黏不太住。由於塑膠篷內過度通風，使得水氣無法凝結。

袋向下垂放，而非水平地拖在後面。

看著純淨、清澈、不含鹽分的水滴漸漸凝結，流進收集袋裡——我終於讓它發揮功能了！而且我還有三品脫的存水……我可能撐得下去了！經過了十一天之後，我重新燃起希望。只要救生筏撐得住，而蒸餾器也能發揮功能，我就能再撐二十天。至於救生筏……拜託，鯊魚可別來。我不但擔心牠們的尖牙利齒，牠們的皮膚還像粗糙的砂紙，光是從筏邊摩擦而過，就可能把救生筏扯破。

≈十三天，三磅食物

陽光的熱度充滿療效，我躺了下來。時間多得是，有大把的時間讓我思考。

鬼頭刀和砲彈魚持續用嘴戳著救生筏的底部，筏底漸漸長滿了新生的鵝頸藤壺，這種甲殼動物是砲彈魚的食物。我不知道那些鬼頭刀為什麼要撞筏底，傍晚天色漸暗之後，只要我的身體或工具把筏底的橡皮往下壓，牠們就會執著的輕戳。彷彿小狗用腦袋頂著一個人的手，央求著想要一塊肉，或是想要人搔搔牠耳後，想要人跟牠玩。我把牠們叫做「我的小狗狗」或「小狗頭」，把那些砲彈魚叫做「管家」，因為牠們有那種身穿硬領襯衫的神氣。

大海平靜無波，空中的雲朵一動也不動，像是被黏在上面。陽光猛照下來，烤著我乾枯的身體。發揮功能的蒸餾器所提供的淡水，也許剛好足夠讓我撐完抵達大洋航線的那三百海里。風向改變了，感覺上航線似乎永遠在三百海里之外。我昏昏欲睡，腦中閃過種種幻想，想像著被某艘船救起，想像著躺在爸媽家池塘旁涼爽的綠草上。

救生筏一陣搖晃，把我從恍惚中驚醒。我往下看，一隻光滑、圓頭的灰色龐然大物從筏底貼身擦過，懶洋洋地轉過身來再吃一口。真不可思議，那些鬼頭刀和砲彈魚竟然沒有躲開，反而圍繞在牠身邊，我猜想，是牠們邀請牠來喝下午茶的。

「到我們這兒來吧，嘗嘗這塊黑色的大煎餅。」牠慢慢游到筏尾，滑進水下，翻滾身體，肚皮朝上，在一個壓艙袋上咬了一口，用十呎長的軀幹搖撼著救生筏。願老天爺保佑那些壓艙袋。牠也許會把筏底扯出一個洞來，但這應該不至於損害救生筏的橡皮胎，至少暫時還不至於。我應該冒著失去魚叉的危險，給牠一擊嗎？牠游到我前面，就在水面之下。我用力一刺，鋼叉打在牠背上，就跟打在石頭上一樣。牠只划了一下就溜走了，並不怎麼怕我的樣子。我注視良久，才頹然坐下，比任何時候都更渴望喝水。

我原以為那些魚會四散游開，讓我知道有條鯊魚靠近了，但現在我知道，無法仰賴牠們對我示警。我擔心那個空氣瓶，還有讓救生筏充氣的那條繩子——它們都在底部的橡皮胎下面，如果繩子被咬斷，救生筏會不會整個洩氣？至於空氣瓶，會引誘鯊魚去咬瓶子所掛之處的橡皮胎嗎？

擔心，擔心，擔心。每一個夜晚，憂慮伴著我同眠，每一個白天，憂慮也將我喚醒。當黑夜來臨，入睡之際我渴望能身處在一個無須憂慮的地方。我的渴望，變得如此重複而又簡單。

就在這時，救生筏被頂了起來，往一側傾斜，彷彿被巨人的靴子踢了一腳。一條鯊魚從筏身擦過，刮出嘎吱嘎吱的聲音，讓我從睡夢中一躍而起。

「快起來！」我對自己大喊，一邊把墊子和睡袋拉到入口邊上，盡可能輕輕地靠在上面。我望進黑夜裡，牢牢抓著那把魚槍。牠在另一邊，我必須等到牠游過來。一片魚鰭劃破水面，在一片快速旋轉的燐光之中，衝到救生筏後方，轉個圈子，準備再次撞過來。漆黑的海中有一絲微光讓我看見牠在下面，我朝牠刺下去，濺起了水花。沒刺到，可惡！那道水花也許會引發牠更猛烈的攻擊。魚鰭再度劃破水面，鯊魚朝著救生筏重重撞過來，掀起一陣刺耳的風。我朝著微光刺下去，刺中了！水花四濺，深色的魚鰭冒出來，繞了一圈，然後就走了。牠在哪裡？我怦怦的心跳劃破了寂靜，響徹無波的黑色海面直到星際，我等待著。

大口喝下半品脫的水，我把床鋪重新調整，一有撞擊就能讓自己在入口處就位。過了好幾個小時，我才又恍恍惚惚地入睡。

這兩天來，天氣炙熱，每二十四個小時大約只前進了十四、十五海里。飢餓折磨著我的腸胃，嘴巴乾得發熱。

不過好消息是，那個蒸餾器每天能製造出二十盎司的淡水，也讓我開始重新累積存水，同時每天可以喝到一品脫。海面的平靜，也有助於我被人發現，如果有船經過，會更容易看見救生筏鮮豔的橙色頂篷。然而，在平靜的天氣裡，鯊魚來訪的次數也更頻繁。以這個速度，還要兩個多星期才

我怦怦的心跳聲劃破了寂靜，響徹無聲的黑色海面直到星際。

能抵達西方的大洋航線。

我花了好幾個小時研究航海圖，計算最少需要多少時間、最多又需要多少時間才能獲救，以及與可能獲救的地點之間的距離。

漂流這十三天以來，我只吃了三磅食物，我的胃已經糾結在一起。而挨餓，不只是增加痛苦，還有更微妙的影響：我的動作變慢了，也更容易疲倦。脂肪已經耗盡，現在我的肌肉在嚙食自己。對食物的幻想像鞭子一樣抽打著我，除此之外，我幾乎別無感覺。

隨著微風漸漸增強，好幾條砲彈魚從筏尾游出來。趁牠們游到一側，我再度瞄準並發射。這次，魚叉擊中目標，穿透了魚身。

我把那條被刺穿的魚拉上來，牠又緊又圓的嘴巴吐出低低的聲音，眼睛瘋狂地轉動，僵硬粗糙的身體，只能拍動魚鰭表示抗議。

有東西可以吃了！我低下頭喃喃念著：「食物，我有食物了。」繞在砧板周圍的鱈繩收縮，使得砧板翹起變形，成了槽狀。我把砲彈魚從繩子底下塞進槽裡，試著用信號彈發射槍把牠打昏，感覺上就像是用棍子敲打水泥地一樣。我用刀子猛刺，總算穿透了裝甲般的魚皮。牠的眼睛閃閃發光，魚鰭狂亂舞動，喉嚨發出爆裂聲，最後終於死了。我的眼中噙滿淚水，為這條魚而哭泣，也為我自己，為我深深的絕望。然後，我吃掉了牠帶有苦味的肉。

≈4≈

用夢想與老天對賭

不可能。真的不可能嗎？

二月十七日，第十三天。

後來我發現，與其說砲彈魚像個管家，牠其實更像頭犀牛。一根厚厚的、角般的骨頭從牠背上凸出來，魚皮異常粗糙，看起來像碎玻璃。我使勁敲著刀柄，總算讓刀尖穿透硬如牛皮的魚皮。

我把臉埋在濕濕的生魚肉裡，吸掉紅褐色的血。令人作嘔的濃烈苦味，塞滿了我的嘴，我趕緊吐出來。我猶豫了一下，把一隻魚眼睛放進嘴裡，用牙齒咬破，然後吐掉。難怪，連鯊魚都不碰這種魚。

由於魚皮很硬，要把這種海中小犀牛弄乾淨，就必須由外而內——去皮、去骨、切片，最後才清除內臟。我用牙齒撕扯著一片帶有苦味、口感如繩子般的魚肉，一如俗話所說，就跟靴子一樣硬，我把其餘的切片魚肉掛起來曬乾。幾小口內臟，尤其是肝臟，是唯一可口的部分。我想到電影中的一個角色，在電影開始時，他是個暴躁又可憐的老傢伙，可是最後終於得到別人的了解和喜愛。我刺穿了砲彈魚令人討厭的堅硬外表，發現了牠可口的豐富內在。

我小時候住在麻州，有一次颶風來襲，我記得那粗壯的橡樹在風中搖擺，宛如草葉一般。我哥哥在一棵樹的高大主幹上造了一間樹屋，暴風把樹屋吹成了碎片。暴風的威力令人敬畏，但我聽說過更強大的力量，原子能的威力會讓這種暴風相形失色。我把五塊美金、一把摺疊小刀、釣竿上的捲線輪和其他隨身用具放進一個盒子，藏在我的書桌抽屜裡。如果災難來襲，我已做好準備。倘若有人能夠活下來，那人會是我。這就是童年永生不死的幻想。

這一點點食物，安慰不了我的骨頭——我的骨頭開始從萎縮的肌肉內凸出。更糟的，是我心靈裡那種深沉的空虛。

在大海這片領土上，我是個適應不良的闖入者，而我殺害了一位來自大海的公民。跟這條魚相比，我的死亡也許會更快、更出奇不意、甚至更自然地降臨。虛弱的「身體自我」、害怕的「情感自我」，都為此感到恐懼，強壯的「理性自我」則承認：這不過是單純的正義。

我一邊吞下甜甜的肝臟，一邊在空蕩蕩的波浪上等待拯救我的人，很孤單。

≈抓了一隻鬼頭刀，卻被更多鬼頭刀報復

多雲的灰色天空，映照著一片平靜、荒涼的大海。昨天的陽光讓蒸餾器製造出二十盎司的淡

水，有如變魔法一般。今天，這個魔力會稍微失效。因為雲層減弱了午後炙熱的陽光，也讓我無法得到最大產量的淡水。

人生，還真是充滿了矛盾。風勢強勁，可以讓我迅速朝目的地前進，卻也會害我被海浪打濕，又冷又怕，還有翻覆的危險；相反的，如果風平浪靜，我比較容易被曬乾、痊癒和捕魚，可是規畫中的航程卻變長了，而且碰上鯊魚的次數也更多。在救生筏上，沒有所謂的「良好狀況」，也沒有能讓人好好休息的舒服姿勢，只有狀況欠佳和更糟的狀況，只有不舒服的姿勢和比較沒那麼不舒服的姿勢。

我的背和腿，正遭到又快又硬的撞擊。這回不是鯊魚，而是條鬼頭刀。我一點也不意外，牠們原先的輕戳，現在變得越來越有把握，幾乎可說是來勢凶猛，像拳擊手似的重重出拳。只要有任何重量使得救生筏底部往下陷，牠們就會去撞。也許牠們是在大啖附生在筏底的藤壺，筏底凸出之處讓牠們能更容易進攻這些甲殼類的要害。

有太多次，我沒能命中目標，現在我決定慢下來，好好瞄準。砰，砰——真氣人，鬼頭刀群從前面圍過來，形成開口很大的曲線，彷彿以轟炸隊形前進。我無法站著看牠們逼近，同時又準備好魚叉備戰，於是我蹲下來，等待出手的機會。牠們從前面和側面冒出來，但是太遠，也太深了。

我隨手把魚槍，對準了一條水中游魚的大致方向投射。「接招吧！」

砰！

那條魚在水裡愣住了，我也愣住了。我把牠拉上來，牠拍打著尾巴，泡沫、海水、血液四濺。牠的頭像根棒子，還在斷斷續續地扭動，激烈扭動的沉重身體在筏上拍來拍去，我把心力全放在避免魚槍的尖端刺進這艘充氣筏。

我跳到牠身上，把牠的頭壓在那塊八分之一吋厚的正方形三夾板上，這塊板子我拿來當成砧板用。一隻又大又圓的眼睛盯著我，我感覺到牠的痛苦。書上說，壓住魚眼可以讓魚麻痺，結果我的俘虜卻反而更加狂怒。我猶豫了一下，還是把刀子插進牠的眼窩，牠狂怒得更厲害了，眼看著就要掙脫了。我得小心魚槍的尖端，沒有時間同情牠了，我胡亂抓起刀子，刺進牠的體側，摸索了一下，找到背脊骨，喀嚓一聲，割斷了。牠全身抖動，目光隨著死亡降臨而變得呆滯。我向後倒，注視著我捕獲的珍饈，牠的身體不再是在海中的那種藍，現在成了銀色。

救生筏四周一片騷動。我注意到這些魚往往出雙入對，遭我獵捕的這條魚的伴侶，正憤怒地猛擊救生筏，連續長達三個小時。我試著不去理會這令人難受的擊打，只管處理我抓到的獵物。

我把魚肉切成一吋見方、六吋長的長條狀，在上面鑽了洞，用繩子穿過去，掛起來曬乾。隨著黃昏降臨，我把魚頭和魚骨盡可能扔得遠遠的，盡快清洗吸滿了血的海綿。鯊魚能偵測到稀釋了幾百萬倍的血水，如同在波士頓所有人家的晚餐中，嗅出某一塊牛排的氣味。

這一夜，至少有三十條魚聚在一起和我同行。牠們撞著救生筏，像一群想動用私刑的暴民，充滿了恨意。無聲的低語傳進我耳中：「人類啊，你得為你的殺戮付出代價。」

我吼回去：「給我滾開，你們給我滾遠一點去！」一次又一次，我裝好魚槍，射出那條有力的皮帶，不加瞄準，朝著救生筏下的鬼頭刀胡亂射擊，好幾條魚被我刺傷。我的胳臂痠了，裝魚槍時用來抵住槍托的那一小塊胸膛感到痠痛。儘管如此，有一條魚就是趕不走。我不為所動地吃掉牠伴侶的一塊肉，看著牠在清澈的水中繞了一圈又一圈，一次又一次朝我撞過來。魚肉不如我預期中可口，那條雌魚繼續攻擊，直到深夜。

≈浮華遠在千里之外，我卻覺得富有

二月十八日，第十四天。

隨著早晨來到，魚肉的滋味變得好吃極了，有點像旗魚或是鮪魚。也許，這魚肉需要稍微放一段時間。這肉值得在一間像樣的廚房裡好好烹調，加一點大蒜或檸檬，而不是像我這樣草草生食。要我停下來不再吃，實在很難，但我必須停下來——我搞不好得再過很久，才能抓到另一條魚。

朋友、金錢或物質享受，都遠在千里之外，但此刻的我卻覺得富有。十五磅的生魚肉，垂掛在晾衣繩上——我乾脆把張在救生筏上的晾衣繩稱為「肉鋪」。

太陽能蒸餾器凝結的水滴，開始閃閃發亮，尊貴的太陽賞了幾枚銅板給這個乞丐。雖然不多，但是這一丁點存糧和存水，卻影響很大。

我慢慢把這一堆橡皮、繩子和鋼鐵變成了一個家，我所專注的焦點，不在任何立即的危險，而在長時間的存活。飢餓得到紓解，口渴還能夠忍受，我至少還能再活十天，足夠讓我度過在我和大洋航線之間尚存的兩百二十海里。我暫時不必再捕魚，等到我抵達航線，膝蓋和臀部的傷口大概也已痊癒，屆時我就能好好仔細瞭望是否有船隻經過了。但說了又有誰會相信呢？我這個老愛抱怨、毫無耐性的人，竟會把一塊生魚肉和一品脫水視為富有？

太陽能蒸餾器閃亮的塑膠外殼，如同一面廣角鏡，映照出筏尾上方的陰沉天空。慢慢地，由於水滴凝結，蒸餾器清澈的塑膠變得霧濛濛的，甘露開始滴下，一滴……一滴……又一滴。我想著我的未來——等我回到家，我要這個，我要那個……

我一向愛作夢。四歲的時候，爸媽給了我一座玩具城堡，有身穿紅藍兩色鮮豔制服的士兵。他們的生命繫於一堆夾板和鉛塊，我卻能從中編出許多故事來。我可以讓他們死掉，再讓他們復活；能讓他們變成窮人，也能讓他們成為國王。不論成功的機會如何，我的英雄總是可以贏得勝利，或是光榮捐軀。

我放下通往兒時記憶的吊橋。必須午睡的我，躺在床上凝視被框在窗裡的黃色夏日。一道道的光線灑進房間裡，灰塵的微粒在光線中迴旋，隨著無形的氣流飄流，直到飄進陰影中。我在每一粒微塵中，看見了整個世界。許多年之後，我會聽到關於原子的事，小到肉眼無法看見。在一個更廣袤的世界裡，一個星系也許就只是一個電子。沒有什麼是不可能的。**一件事物只要能夠被想像，就**

能夠存在，心靈所創造出來的東西，不受物理定律的束縛。

物質創造出來的東西卻會。我很想將恐懼埋葬，但很難，我無法做任何事情來掩蓋我的恐懼。如果我想活下去，我必須盡可能保留精力，因為每一個動作都會燒掉身體這具鍋爐更多的燃料。蒸汽從我乾燥的皮膚上冒出來，我一邊照顧蒸餾器，一邊眺望船隻。等到時機恰當而且命中機率高的時候我會再捕魚，其餘的時間我靜靜地坐著，嘗試轉移心思。我開始發想船隻和救生筏的設計，等我回到緬因州溫暖乾燥的辦公室裡，就可以完成這些設計。我針對安全系統、巡航船、事業目標和個人目標做下筆記，這些全都進了我的航海日誌。我覺得，自己像個期貨市場上的交易員——不斷用當下交換未來。

我思索著多層次的現實，也在其中某些部分尋得安慰。昨夜夢裡的全麥熱餅乾，幾乎就跟真的一樣；我開始愛上夢到食物，不再討厭那誘人的幻覺。作夢是最能讓我接近食物的方式，能接近食物和飲料，總是聊勝於無。

我同時活在現實和夢境中。如今，我看見許多世界圍繞著我：過去的世界、現在的世界和未來的世界；有意識的世界和無意識的世界；具體的世界和想像的世界。我嘗試說服自己，只有現在的世界像地獄，所有其他的世界都不受侵犯、安安全全，無法被囚禁。我拚命想維持其他世界能免於痛苦和絕望，好讓我隨時可以逃進去。自我催眠總是令人陶醉，但我明白現實那種清晰、尖銳、強勢的特質。史帝芬・卡拉漢沒有離開的自由，今天諸事順利，但明天海浪也許就會襲來，擊潰我的士氣，沖走我的夢想。

當天色變暗，暮色籠罩水面，牠們來了。

我的雙腳、屁股和雙臂遭受攻擊，彷彿被一幫流氓給揍了一頓。我一度用魚叉趕走那些鬼頭刀，但牠們總是會再回來。牠們一次又一次撞上來，越來越多的鬼頭刀加入攻擊。

牠們是衝著我來的。假如我落進水裡，這群小傢伙就會把我吞進肚裡。希區考克電影《鳥》的影像在我腦中閃過，說不定，這世上的魚類召開過會議，譴責人類貪得無厭的胃口和對海洋的剝削。人類辯稱自己的行為是高級物種對資源的利用，但魚類對人類的自私已失去了耐性。我想像水手們的骸骨被啄食得乾乾淨淨，他們沉入黑暗的海底，空洞的眼窩凝視著閃閃發光的水面。這些鬼頭刀為什麼要這麼做？牠們為什麼這麼激動？不過是普通的魚，怎麼會令人如此害怕？

夜幕籠罩了世界，魚群入睡了，我看得見牠們，大約三、四十條鬼頭刀，隨著救生筏的速度緩緩移動。牠們發出亮光，有如黑絲絨上的銀盤，有些從幾噚深的水下發出亮光，誘惑著我。牠們在等待光亮，等待破曉時分的下一回合，等待追獵飛魚的一天。我閉上眼睛，夢遊至他方。

砰！我的背，受到重重一擊！

救生筏底部一陣劈劈啪啪，像遭到機關槍掃射，整個筏身跳離了水面，伴隨著橡皮扭轉時發出的吱吱尖叫，隨即又跌回水面。

是鯊魚來襲！

我跳到入口處，抓起武器，劈啪拍打的是條鬼頭刀，想必是被鯊魚按在筏底。此刻鯊魚撇下那條鬼頭刀，逮住了救生筏，利用另一側的一個壓艙袋把膠筏扯來扯去。我不能過去，否則就有落水的危險。

等待，你必須等待。刺耳的一擊從左舷傳來。等待，非等待不可。外面黑得跟地獄一樣，我什麼也看不見。牠在那邊，我用力刺下去——刺中了！牠衝了出去，轉身，攻擊，又一擊撞得我跪了下來。我等待著——該死！牠從筏底掠過，朝我游過來。我用力一刺——又刺中了！但牠轉回來把我撞倒，海水再度掀起漩渦，水花四濺。

這個混蛋！等待……黑暗，寂靜。我全身發抖，伸手拿起水瓶，灌了幾大口。整整一個小時，只要海水稍微拍動或是橡皮略微呻吟，都會讓我一躍而起，準備好擊退又一次的攻擊。脫離這一切……如果能夠的話……

不過才半天之前，我還自信滿滿，說服自己現實只是我人生的一小部分，而我的想像能夠給我保護。那真的只是半天之前嗎？此刻那排尖銳的牙齒和燒灼的痛楚，似乎是唯一存在的真實，而我無法逃離這種淒涼的狀態。我的機會**事實上**何其渺茫，也許我應該乾脆放棄，不要繼續這種無意義的掙扎了。

我看著橫阻在我與綠洲之間的這一千四百海里海洋沙漠，與它爭論著，設法忘記我對鯊魚來襲的恐懼。我對抗著替膠筏充氣的疲累，把神經從背上和膝蓋上那些腐蝕的傷口轉移開來。筋疲力盡，我又睡了一個小時。

≈船來了……

鬼頭刀在外面的拍水聲，又打斷了我的夢。我抓起魚槍，掀開篷簾。沒有魚來攻擊我，水面很平靜。但我的眼睛捕捉到在黑暗地平線上閃爍的光亮——一艘船！

那船看起來將橫著駛過救生筏前方，大約在四海里之外。我翻出信號彈和發射槍，放進一枚紅色胖寶貝，喀答一聲闔上了彈膛。我向她輕聲說：「來吧，幫幫我。」站起來，把寬寬的槍管對準天空，讓她飛出去。一個橙色的太陽飛上天空，吐出煙霧，柔柔地照亮了一具悠悠朝海面落下的小降落傘。那傘在徐徐下降時輕輕晃動，一片光暈，籠罩著兩百呎下方的漆黑海水。

那艘船的燈光跟我們之間的角度變窄了，我大喊大叫：「她看見我了！」我等待著，然後讓第二枚信號彈升空。我的情緒隨著信號彈的亮光益發高昂，虛弱的雙腿開始舞動，我看著船駛近。不會再有鯊魚了！回家了！新鮮的鬼頭刀，海洋的王后，加入船上航員行列！我彎身到篷裡，開始把我的刀子、飲水和食物扔進袋子裡。那艘船也許不會帶走我的救生筏，但至少要帶上我的裝備：我在這海上僅剩的實體物品。可以不再小口喝水真是種解脫，我灌下好幾大口，一邊向外張望。

一陣薄霧降下，那艘船略微朝向我的南邊接近，發亮的左舷和燈火通明的船橋散發出溫暖和友誼。得救了！在漂流了十四天之後，我得救了！我發射了第三枚信號彈。「我在這裡。」我大喊，獲救的景象閃過我腦海……

「你要去哪？」船長問，他的鬍子修剪得很整齊。

「應該說，你們要去哪，我就去哪。」

「哈，這倒是沒錯！我們的下一站是直布羅陀。」

我把魚肉條獻給他。「抱歉，切成這個樣子。早知道你會來吃晚餐，我會切成像樣的魚排。」

「我還有事要處理，你先休息一下，等你想過來的時候可以到駕駛台來找我。」

「我應該很快就會恢復，我在出發之前的身體狀況相當不錯。」我停了一下，思索著。「我實在幸運透了，對不對？」

放下幻想，我扔出一枚用手投擲的信號彈。我周圍的世界被照亮了，有如白晝一般，一眼就能看見水中跟隨著我的魚群。牠們的身體平穩地起伏，似乎渾然不知同行的我很快就會與牠們告別。在這樣平坦的海面，能見度極佳，而那艘船只在一海里外，值班的船員不可能沒看見我。

然而，那艘船的船艄繼續朝著漸露的曙光前進，粼粼的水痕被掃至船艉時，在逸出的船艙燈光下被照亮了。一道平穩的汩汩船痕，引擎隆隆作響，拖著一縷煙。

霧變濃了，幾乎像是濛濛細雨。方才我的心由於興奮而劇烈跳動，驅除了寒意。此刻我的歡欣鼓舞漸漸洩了氣，寒氣滲進我的皮膚。太陽從地平線下方升起，照亮了片片烏雲，我又點燃一個手持信號筒，仍然深信自己被看見了。救生筏在那艘船的餘波中搖晃，我不為所動，仍舊站著，相信著那船會轉彎，然後朝著迎風面行駛。信號筒的光熄滅了，燒剩的餘燼還留在我手中，像魔鬼的火把。我把它扔掉，入水時冒出了煙，嘶嘶作響，隨後發出呻吟，咕嚕咕嚕地沉入海水深處。

空氣中有一絲柴油的氣味。也許還有機會，後甲板上也許有人，我發射了第四枚降落傘信號彈，然後頹然倒下。

那艘船沒看見我。

笨蛋，笨蛋，該死的笨蛋！你浪費了六枚信號彈，數一數，六枚，你這個呆瓜！你還灌掉了一品脫辛苦得來的存水，你太過自信，太過浪費，錯把夢想當成了現實。

一陣冷冷的小雨落在我身上，我佇立著望向地平線，直到那艘船只剩下一縷輕煙。我早該知道，自己不會被第一艘經過的船隻救起，貝利一家人一直等到第八艘船才獲救。一張開出的支票，不等於能被兌現，要等到我雙腳踩在甲板的鋼板上，才算是獲救了。

羅伯森說過，不要指望船隻。「我們樂見所有海上求生之旅，能因獲救而中斷……」受不了，標準的英式低調說法！大吼大叫才是我的作風！過了幾分鐘，我血液中的愛爾蘭激情冷卻下來，就跟那枚熄滅的信號彈一樣，淹沒在水中，墜入一哩深之處。

≈一邊向宇宙許下承諾，一邊與老天對賭

二月十九日，第十五天。

或許沒那麼倒楣，我想。也許船上的人確實看見了我，他們將會發出無線電請求空中救援。我打開ERIRB。我猜想不會有飛機飛來，但我也許比之前所以為的更接近大洋航線。我的心情尚可，足以自我解嘲，雖然臉上沒有笑容。我責備自己——今天早餐不准喝咖啡了，準備過苦日子吧。

我會在下一次鯊魚來襲前獲救嗎？希望，希望。但我得面對現實：我可能得跟更多的鯊魚交戰。自從失去了獨行號，我試著節省精力，然而腦中不斷跳躍的思緒，削弱了我的體力。我很清楚，自己所想的全是些老梗，任何掙扎求生中的人，難免都會有這些想法。例如，對宇宙許下承諾——只要能夠脫困，我一定重新做人；一再夢見食物和飲料；心痛的寂寞，還有恐懼。

我多麼希望能掌握自己的處境，用比較睿智的想法來自我排遣，像個英雄一樣忘記痛苦和恐懼，掌控全局。也許，那樣的英雄行徑只存在於小說裡。如果說我得到了什麼啟發，那就是人類的心靈是受那些小小的疼痛和痛苦所主宰。我們想要以為自己能超越，想要以為我們是用智力掌控生活，然而此刻，當沒有了文明的遮蔽，我在想：智力，可能是受本能所掌控的；而文化，也或許只是人類以本能對應生活的結果。我從小被灌輸的觀念是：我能做任何事，能成為任何人，能在任何情況下求生。我想要這麼相信，試著這麼相信。

第十五天，當我小口吃著早餐，和鬼頭刀之間的戰鬥又重新展開。牠們有力的下頷，衝撞著我的雙手雙腳，我設法在墊子上蜷起身子，以減輕撞擊的力道，偶爾也把牠們趕開。隨著晨光填滿了天空，牠們衝出去捕獵，不時回到魚群中，用頭來撞救生筏。飛魚在遠處從水裡飛出來，掠過一百碼或更長的水面，一會兒晃向這邊，一會兒晃向那邊，翅膀隨著轉向，尾巴撲撲擺動，像小小的螺旋槳。鬼頭刀急速衝出，躍出水面，緊追在後，那是牠們最喜歡的獵物。鬼頭刀也會飛出海浪之上，劃一道長長的弧形，只是為了好玩。日落時分牠們紛紛回來，彷彿我的救生筏是這群魚的集合地點。

我一再面臨艱難的決定。每一次捕魚，我就冒著使魚槍和救生筏受損的風險。萬一魚槍和救生筏受損，而我沒能迅速獲救，我可能就會死掉。反過來說，如果我捕到的魚不夠，我也可能會死。每一次我決定採取行動，都要考慮可能的後果，試著理性地做出最好的決定。可是我發現，每個決定都是雙刃劍，任何行動都可能既有利也有害。到頭來，一切都是賭博。

鬼頭刀不停攻擊我，我用魚叉射傷了十隻。我抓到的第一條鬼頭刀，還有一些肉掛在「肉鋪」裡。我不想無謂地殺害牠們，但願牠們能夠本能地明白這一點，不要再來煩我。

但牠們還是在黎明和黃昏發動攻擊，於是我牢牢地叉住了兩隻，把牠們從水裡拽出來。我把牠們扭動的身體舉到離救生筏有點距離的地方，和牠們四目相接。我沮喪地對牠們大喊：「看，這就是你們想要的下場嗎？你們這些笨魚！」牠們掙脫，並且在魚鰭和魚背上撕扯出大大的洞。但這似

飛魚從水裡飛躍而出，鬼頭刀衝了出去，躍出水面緊追在後。

乎並未令牠們膽怯，牠們又回來了。我摸到一個壓艙袋被撕裂了一點，只怕那些魚在沒有毀了我之前不會罷休。我試著說服自己，牠們的攻擊有更實際的理由；說服自己，牠們是為了筏底的藤壺而來。

≈在地獄裡望著天堂，我在作夢嗎？

救生筏底部漸漸長出新生的鵝頸藤壺——這個名字是由於那長而硬的肉莖而取的，塊狀的黑色身體，就掛在那個肉莖上。成年的鵝頸藤壺披著鑲有黃邊的白色甲殼，顏色鮮豔，由許多片甲殼拼成，像幅拼圖。救生筏上的新生藤壺只有大約三分之一吋長，還沒有硬殼。曾有一次，「獨行號」向同一個方向傾斜著行駛了兩週，雖然獨行號身手矯健有如精靈，一群藤壺還是從船身浸在水中的光滑塗料上冒出來，就在船底防污漆上方。

凡是漂浮在海上的東西，都是座島嶼。漂浮物讓藤壺和海藻得以生長，這是許多動物和植物繁殖的溫床，會吸引小魚，而小魚又會吸引大魚——包括鯊魚——和鳥類。

先前克里斯和我離開亞速群島時，我們就曾發現一塊八吋大的保麗龍方塊漂浮在海中，下面棲息著一條十四吋長的魚。我們把那尾魚的窩抬了起來，牠繞著圈子游來游去，完全不知所措。我們也曾拾起在海上漂流了幾個月的釣魚用浮標和繩子，上面每一吋都長著一叢兩吋長的藤壺，另外還有螃蟹、魚、蟲和蝦。我曾經看過暗礁魚類隨著一叢被掃進墨西哥灣流的海草一起漂流，來到離開牠們家鄉千里之外的地方。相形之下，我的救生筏算是座大島嶼了。

看到自然生態的發展令人振奮。肉類含有大量的蛋白質，尤其是那一條條鬼頭刀肉，但是大多數的維他命，存在於行光合作用的生物裡。和肉食性的鬼頭刀相比，植物和食用植物的動物能提供較多的維他命，像是藤壺和砲彈魚。內臟也含有較多的維他命，因為內臟要幫魚類所消化的食物進行加工。有實驗證明，即使完全沒有攝取維他命C，一個人在四十天之內也不會得壞血病，可是缺少其他的維他命，卻可能導致各種疾病或器官衰竭。

我希望，這些藤壺、砲彈魚和魚內臟，能提供我足夠的維他命。拖著救生桿的那條繩索，是由好幾股細繩扭絞而成，有螺旋狀的長長溝紋，成了適合藤壺生長的場所。但天下沒有白吃的午餐——這些藤壺成了我的食物，卻也減緩了我的速度，而且發展成形的食物鏈，引來鯊魚。

除了在救生筏四周形成的小型生態系統之外，我不斷被種種自然奇蹟包圍——蓬鬆的白雲舞著芭蕾，鬼頭刀在下方表演特技，雲彩滑過天際，直到融入地平線，形成迴旋的落日，有如火焰一般，在夜幕中漸漸熄滅。接著，彷彿太陽驟然墜毀，將千萬個閃爍的星系甩進深沉的黑夜。

沒有哪裡的天空比海上更遼闊，可是我無心欣賞身邊這不可思議的美景。這種美，嘲笑著我，非我所能享用。我知道，這片美景隨時可能從我身邊被偷走，可能是因為一條鬼頭刀或鯊魚的攻擊，也或許是因為救生筏洩了氣。我無法放鬆心情來欣賞這片美景，因為美景被醜陋的恐懼所包圍，我在航海日誌裡寫下：這是坐在地獄裡看見天堂。

凡是漂浮在海上的東西都是一座島嶼。砲彈魚吃著一塊浮木上長出的鵝頸藤壺，打量著後方那團馬尾藻。

我的情緒隨著陽光而變化。每一日的光亮讓我樂觀起來，覺得自己也許能再撐四十天，但是每一夜的黑暗讓我明白，如果有任何一件事出了差錯，我就活不成。快速變換的情緒彼此追逐，直到我徹底感到迷惘。寫點東西有助於我看清事情，但我希望能有個同伴來告知我是否在作夢，我是否還神智正常。如果我崩潰了，也許會浪費我的信號彈，甚至做出更糟的事情。

≈要有膽量踢生活幾腳，讓它跳一跳！

我的心思四處漫遊，往往和宛如幾輩子之前的話語巧遇。過去人生的零星片段，巧妙地拼出圖案，讓那些當時只覺可笑的事情有了深度。

我母親曾跟我談起獨自航海的危險，我說：「不，我只有在天氣太差、沒把握在船上能抓牢的時候才會戴上安全索具。那玩意兒礙手礙腳的，反而更容易把我纏住或絆倒——剛好跌出船外。」她責備我：「你至少該穿上救生背心。」我告訴她：「如果我**真的**跌下船，看著我的船航向落日，我可不想在水裡晃蕩個幾天，讓我的肉慢慢被魚吃掉，像個漂在海上的飼料盒。」她不覺得好笑，哼了一聲：「我費了那麼大的功夫把你生下來，你最好不要那麼容易放棄。」她的話縈繞在我心頭。「你得答應我會盡你所能，撐得久一點。」這是個始終不曾立下的諾言，但我還是信守至今。

在我拋下獨行號之前不久，我讀了一本魯瓦克的小說《不再貧窮》（*Poor No More*）[7]。書中主角還是個小男孩的時候，他祖父對他說了一段話，大意是：「聽著，我知道我活不了多久了，這並不值得大驚小怪，沒什麼大不了。可是看看你爸爸，他這一輩子從來不願意冒險，而你看看這讓他落到了什麼下場。你可不要跟他一樣。要有膽量踢生活幾腳，讓它跳一跳！」

要把生活踢上幾腳？我的兩條腿太虛弱也太不穩。我的確冒了險，而我所冒的險，讓我落得了什麼下場？這個流浪者，累了。

話雖如此，我必須試著保持航線，直到抵達一個安全的停泊處。十六歲的時候，我因為一隻腳有敗血情況而躺在床上，我並沒有一心惦記著病痛，而是告訴自己，至少還有一個清楚的腦袋、一雙強壯的手臂和一條完好的腿。

獨行號的殘餘物躺在我身邊。我將裝備好好固定住，重要的系統在運作，每日的優先任務被訂下，不容爭辯的優先任務。我算是克服了難以馴服的憂慮、恐懼和疼痛，是這葉怒海扁舟的船長。

今天的我掙脫了剛失去獨行號之後那種茫然的混亂，而且終於得到了食物和飲水。我戰勝了幾乎難逃的死亡，現在我有了選擇：帶領自己迎向新生活，或是放棄、看著自己死亡。

我選擇：能踢多久，算多久。

正午時分，頭頂炙熱的太陽烤著我乾燥的皮膚。我用海綿吸了海水擠在身體上，讓海水在身體的凹陷處匯集成小小的水塘，直到消失。我側躺著，讓背部和上半身的傷口能夠痊癒，想像自己伸展四肢躺在安提瓜島的沙灘上，等一會兒我就會站起來，去拿一杯冰涼的蘭姆調酒——暫時還不必去，時間多得很。

一條條魚肉在頂篷上曬乾，魚皮下面一層薄薄的脂肪在陽光下閃耀，外部乾成了一種青銅色，味道有一點鹹、一點辣，可以媲美最好的香腸。

≈人，能不能不靠世俗財物，而是憑自己的經驗重新開始？

二月二十一日，第十七天。

事情似乎漸入佳境。有兩天半的時間沒有鯊魚來襲，鬼頭刀在早晨和黃昏的攻擊比較沒那麼凶猛——也可能是我比較不在意牠們的攻擊了。一場陣雨打破了昨天的炙熱，我張開嘴巴，就像小時候張開嘴巴想接住雪花一樣。雨水濕潤了我的臉，我另外用保鮮盒接到了六盎司的水。

我開始重新累積存水。一看見風雨將至，我就把救生筏後面的繫纜拉起來，讓雨水把繩索上的藤壺洗乾淨。我用刀子輕易地把三、四盎司的藤壺從繩索上面刮下來，跟雨水混在一起，成了一碗喝起來微微咯吱作響的湯。我就著保鮮盒喝，想像麥當勞推出四分之一磅重的「藤壺堡」——這個念頭在我腦海中揮之不去。塑膠袋裡剩下的葡萄乾浸在鹹水中，已經發酵了，跟最初的果實成了完全不一樣的兩種東西。這些葡萄乾成了我這場盛宴的最後一道點心——它們是我最後一丁點來自陸地的食物。

現在折磨著我的，不再是難以忍受的飢餓，而是緩慢的挨餓。我的身體知道自己需要什麼，接連幾個小時，我幻想著甜甜的冰淇淋、富含澱粉的烤麵包、含有豐富維他命的水果和蔬菜，讓我在心裡直流口水，儘管我真正的嘴巴很久以前就放棄了製造唾液的徒勞嘗試。沒有一個夜晚，我不曾夢到食物。

覺得有信心的時候，我就夢想著將來。我的朋友在蓋房子，我們搬運長長的木材，抬放就位，停下來吃午餐，麵包和水果高高地堆在桌子上。我常常幻想在緬因州開家小旅館，供應美味的食物——蟹肉派、巧克力派、冰涼的啤酒。我們不慌不忙地慢慢吃，眺望法國人灣（Frenchman Bay）靛藍的海水，那兒的山頭，固執地矗立在冷冷的大西洋上。

我全心全意顧好我的裝備，把鏡子和一盞小閃光燈綁在救生桿上，扎緊頂篷上漏水的眺望口。前往加勒比海島嶼的航程我大約完成了五分之一，明白這一點，令我警醒過來。我還能再撐六十天嗎？我想到貝利一家人想必體驗過的難熬折磨，我無法想像這樣過上一百天。可是話說回來，那些一輩子都在挨餓的人，又是怎麼過的呢？

我想像著自己生命的終點，隨時會在鯊魚下頜啪一聲闔上時來臨，可是我總覺得自己注定要活下去。我失去了獨行號上的一切，但是我很想知道，不靠世俗財物、只靠經驗來重新開始，會是什麼情況。

在風平浪靜的日子裡，我可以把身體的重量從迎風面移開，不必擔心救生筏會翻覆。我坐在肉鋪對面，魚肉就掛在肉鋪的晾衣繩上。在救生筏上只有這個位置能讓我勉強坐直，方便我每半小時照料一下蒸餾器，看到一部分的地平線，寫寫東西，並且確定航向。

≈不可能。真的不可能嗎？

我一再在航海圖上標出我可能的位置，六十天……這似乎不可能，但許多不可思議的事，的確會發生。

喬治．布雷西是我在緬因州的一個朋友，他是那種老一輩的人，年輕時靠捕龍蝦和捕拾蚌蛤維生，有些人喊他怪老頭。就跟大多數討海的人一樣，喬治編得出許多令人難以置信的荒誕故事。有一個故事，說的是他穿著輪鞋從阿卡迪亞山（Cadillac Mountain）滑下來，在那個時代，笨拙的鋼輪就算是尖端科技了。還有一個故事，說的是他看見一個人從一千呎高的地方跳下來，只穿著一套兩腿和胳臂之間有布翼的連身衣。我認識喬治的時候，他因風濕病而行動遲緩。「腰部以下癱瘓有十二年了，醫生說我永遠不會好。後來有一天，我坐在一根圓木上砍些柴火，不小心摔了下來，結果看哪，我又能走了。」

當人們提起過去，什麼時候他們是在回憶所發生的事，什麼時候是無意中在建構或編造回憶，這很難辨別。可是怪老頭不時會讓心存懷疑的人大吃一驚。你也許會瞥見一張陳年的剪報，標題是

「本地捕龍蝦的喬治・布雷西穿著輪鞋從阿卡迪亞山滑下」，或是突然看見一張老照片，上面是個表演雜技的人，只穿著一套鬆垮的連身衣褲，說明文字是「自稱為蝙蝠俠」。誰能說得準什麼不是真的，什麼又是不可能的？

有船來了！

我抬眼望去，她就在那裡！離我不遠，一艘紅色船殼的貨輪，漆著可愛的橫紋，有白色的側板和曲線優美的船頭，正朝著我而來。

我真不敢相信，自己沒有更早看見她。他們想必是發現了這艘救生筏，正駛過來看個究竟。我把信號彈裝進發射槍，以滿足他們的好奇心。當信號彈射向天空，砰一聲爆開，那艘船以十二到十四海里的時速，縮短了我們之間的距離。雖然信號彈不像在夜裡那般明亮，但船上的人不可能沒看見掛在空中的煙霧和火焰。只要有人在看，他不可能沒看見我。救生筏沒有消失在波谷之中，而整艘船一直都在我的視線內。

我點燃了一個橙色煙霧信號筒，在嘶嘶聲中，一個茶色的精靈在下風處飄盪，靠近水面。我的眼睛搜尋著船橋和甲板上有無動靜，這艘船此刻非常接近，如果有一名水手進入我的視線，我還能說出他穿什麼樣的衣服。

然而，唯一在動的東西就只有那艘船本身。我把救生桿拉起來，高高舉在頭上，拚命揮動。我大聲尖叫，蓋過救生筏在水面滑動的輕聲呢喃，也蓋過那艘船船艏波浪的聲音和引擎的節奏。

「嘿！看這裡！這裡！可惡，你看不見嗎？」我放聲大喊，直到喉嚨沙啞。我知道我的聲音一定是被船上的吵嚷給蓋住了，儘管如此，能夠打破寂靜，仍然是種解脫。

她繼續前行，這麼漂亮的一艘船……唉。不到十分鐘，她已消失在地平線之外。

還會有多少船隻，可能從這麼近的距離經過？很可能一艘也不會有。會有多少船隻經過而我沒有看見？會有多少船隻沒有看見我？在這個世紀，船上沒有幾雙眼睛在瞭望。只有在交通繁忙的航線上，與其他船隻相撞的危險性高，船上才會有人好好瞭望；另外，海軍的船隻也有持續瞭望的人力和必要。

可是在開放的大洋上，一艘商船只有少數船員，船長也許只會留其中一名在船橋上，每隔一段時間朝地平線瞄上一眼。當船靠著自動駕駛裝置盲目地越過海洋時，**也許**會有人盯著雷達，**也許**超高頻無線電開著，轉到了供緊急遇難通訊用的十六號頻道。而就算船上有瞭望員，眼見沒有船隻出現在視線之內，就會把注意力移回手裡的小說或是裸女雜誌上，不然就是到船橋上找個陰涼的地方抽根菸。

何況，我的救生筏也很難被人發現。我自己連一艘兩百五十呎長的紅色貨輪，都要等到幾乎快撞上來了才看見，這麼個小救生筏，被看到的機會能有多大？也許我該在夜裡保持清醒，那時候信號彈的效果最好。可是白天為了好好看著蒸餾器，我也得醒著，夜間瞭望會減少我寶貴的存水。

我試著平息自己的挫折感，一再重複告訴自己：「你已經盡力了，你只能盡力而為。」我很清楚，不能倚靠別人來救我，我必須要自救。

≈自然的力量，與死亡彼此相連

海上的自由吸引著人們，然而自由不是免費的。自由的代價，就是失去陸上生活的安全。

當一場暴風雨即將來襲，航海的人不能只是把船停下來，然後回家躲雨去；也不能躲到什麼石牆之內，直到暴風平息。我們沒有脫離大自然的自由，自然的力量甚至與死亡彼此相連。比起大多數岸上的人，航海之人更強烈地暴露在大自然的美麗和醜陋之中。我選擇海上生活來逃離社會的束縛，但我也犧牲了社會的保護。我選擇了自由，也付出了代價。

最後一縷輕煙，從那艘船消失之處淡淡地飄在地平線上。儘管知道沒被看見很合理，我還是大為失望。我沒有生氣，只是很期待能被岸上生活束縛一陣子。我想起《老人與海》裡面的話：「要是有那男孩在這兒就好了……要是有那男孩。」我需要休息一下，需要另一雙眼睛、另一個聲音的陪伴。話說回來，就算有一個同伴，我的機會也不會改善——筏上沒有夠我們兩個人喝的水。

也許，放個風箏可以增加我被看見的機會。

我從那條太空毯上剪下一塊布，做成一隻菱形的鳥，從主帆上取下幾根帆骨做成一個十字形的骨架。以它的尺寸來說，這風箏很重，需要有根尾巴。我無法讓它從救生筏上飛起來，不過等我抵達大洋航線的時候，也許我能把它弄得更完美。這風箏拿來當作滴檐效果挺好，我把它綁在頂篷內面，承接從眺望口滴下的大部分水花。一個像樣的風箏，好比能飛在海面上空幾百呎高的閃亮信號，會是件珍貴的求生裝備。但我的風箏注定只能幫助我保持筏內乾燥，至少有助於傷口癒合就是了。

太陽再度落下，魚群展開攻擊。

我替漸漸沒氣的橡皮胎充氣，吃著魚肉條，想要休息一下，卻睡著了。夜裡又來了一隻鯊魚，牠以驚人的速度從筏底衝過，把我拽出舒適的夢境。當牠第二次從筏底擦過，我盡力想從水中深處看出牠的形狀，卻徒勞無功。牠走了，又一個無風的夜晚，救生筏搖晃著，等待最後一擊。

≈橡皮鴨三世，誕生——在地獄邊緣

到目前為止，我一直是用「這艘救生筏」來稱呼我的救生筏。現在我決定給它取個名字。從前我曾經有過兩艘充氣式橡皮艇，戲稱它們為「橡皮鴨一世」和「橡皮鴨二世」。延續這個傳統再合理不過，因此，我封它為「橡皮鴨三世」。

清晨，我在橡皮鴨上面爬來爬去，用手滑過橡皮，想摸出磨損的跡象。底部摸起來還好，至少就我能摸得到的部分來說。但是圍繞著空氣瓶的地方，有幾處被削起。也許原先就一直是這樣，也可能是被某隻鯊魚啃過。掛在筏下的空氣瓶仍然令我擔心，但是我想不出還能做些什麼。

在水面之上，橡皮胎在強烈日照下開始出現縱橫交錯的痕跡。外面的扶繩有幾處綳得很緊，摩擦到筏身。當救生筏被綁在獨行號上時，海浪沖擊的力道想必把穿過固定點的扶繩給扯緊了。我用盡全力，想要把扶繩弄鬆，重新調整，卻毫無效果。頂篷橙色的防水塗料被曬得褪了色，顏料抖落後被沖掉了，不再具有防水功能，而且每一滴雨水都吸進小小的橙色顆粒，要把這水喝下去就像強迫自己喝下別人的嘔吐物。假如我能有效地收集前幾次陣雨的雨水，就能多擁有六品脫的水。羅伯森說，灌腸可以讓一個人吸收一品脫無法飲用的淡水，但我要怎麼替自己灌腸？真是……。

太陽升起，炙烤再度展開。我的過去繼續在我的心靈之眼前列隊前進。我沒有開展未來的自由，我沒有瀕臨死亡，也沒有找到拯救，而是在地獄的邊緣。

在我腦海中，一彎清涼的溪流在青翠高大的樹木之間蜿蜒流過，我看著充滿朝氣的溪水在岩床間跳躍，新鮮餅乾在營火上烤成褐色，氣味在柴枝間繚繞，香味鑽進我鼻子裡。事實上，那只是魚肉曬乾的氣味。

我看見一座壯闊的港灣，停滿了帆船，獨行號也在其中。馬德拉群島鋸齒狀的火山山峰在我腦海中聳立，千萬年前它們從海底冒出來，噴出了水面。凱瑟琳和我搭乘公車，走在蜿蜒曲折的石子路上，繞著那些被撕裂的絕壁咚咚前行。路面切進陡峭的山坡，輕輕一扔，就能讓一塊石頭墜落數千呎之下。

從空中看去相隔不過數哩的村莊，搭車要走上一小時，行駛三十哩路花了八小時。翠綠的梯田從濱海的山谷一直延伸到山坡上，直到陡峭的岩石邊。農人採收葡萄，製成有名的馬德拉葡萄酒，也有香蕉和其他各式各樣的水果，其中有一些是這座神祕小島才有的特產。我們探訪了一個坐落在高高山脊上的村莊，俯視著大海。凱瑟琳吹奏的笛聲和著從北方吹上山坡的微風，那風帶來擊岸碎浪的音樂。優美的山峰、柔和的山谷和寧靜的居民，組成了童話般的仙境。

那是個星期天，當地沒有電，沒有足球賽轉播，也沒有電動遊戲。村民在街道上排排站，偶爾跟鄰居交換一下位置，閒聊天，或者就只是旁觀，日子就這樣過去。島上自然物產的富饒，讓他們得以擁有這般的寧靜，到處都有泉水湧出。我想要喝杯啤酒，用葡萄牙文問：「老闆，店開著嗎？」他本來沒打算開的，可是特別為我們而開。酒吧位在一棟古老房屋的地下室，潮濕的石牆讓我們頓覺清涼。一個龍頭從一面牆上突出來，一個大木桶擺在後面，微微被照亮。加了香料的番茄醬汁裡燉著嫩牛肉，在角落一個爐子上咕嚕咕嚕地煮著。那人給了我們啤酒，也把木桶中的葡萄酒倒進玻璃杯裡，這是他酒莊裡生產的新酒，再遞給我一個香料燉肉三明治。他歡迎我們加入他的生活，彷彿我們跟他是老朋友，但我們沒有久留。我得繼續向加那利群島前行。

我們原先的計畫，是一趟兩週的航行，但是風很小，結果凱瑟琳和我共度了一個多月。她是個好船員，熱心學習，可是她想要的更多，期待所有的男人都會愛上她。女人常抱怨「船長就只想把我弄上床」，但我們的情形正好相反，凱瑟琳覺得我冷漠寡言，一直對我說：「你很冷漠。」

也許她說的沒錯。跟我親近的女性多半是不受傳統女性角色束縛的那一類，我一向很尊重這一點，而相對的，我對她們的要求也很高。我聲明我不會忍受女性沙文主義，沒有義務去做一切所謂「男人的工作」。所以，輪到凱瑟琳值班時，碰上前帆或杆子纏住了，她央求我幫忙，我曾不客氣地說：「是妳在值班，**妳**就要處理！」

但我知道，自己的冷酷不僅止於此，我的不耐煩和刻薄有更深的根源。七年的婚姻以離婚收場，加上被繼之而來的一段熱戀灼傷，我厭倦了女人和愛情帶來的創傷。或許那是種我不願面對的恐懼，或許我以追求完成自己設定的目標來取代對愛情的追求。其實我並不清楚，但這是我不願跟凱瑟琳分享的祕密，雖然她有柔柔的法國腔和可愛的笑容。我只想航海、寫作、畫圖。

隨著我們的航程越拖越長，一定要說有什麼差別的話，就是她越想讓我軟化，我就變得越冷酷。我想再度獨自擁有我的船。彷彿害怕馬德拉島的寧靜所散發出的魔力，我只待了三天就再度出海。我當時做錯了嗎？安全的港灣……**現在**正是我想要的。為什麼那時候我非繼續向前不可？為什麼我不讓自己放鬆一點？

我下定決心要再嘗到營火烤出的餅乾，再感受到清涼的溪流，我會再造一艘船，再給自己一個機會去感受人類熱情的溫暖。我不去想「如果我回到家」，只想著「等我回到家」。

我先前讓那些鬼頭刀逃脫，實在太愚蠢了。

肉鋪裡空蕩蕩的，我的胃痛苦地翻攪呻吟。接連幾天，我獵捕與我同行的鬼頭刀，漸漸能認出其中好幾隻——有一隻嘴裡還拖著一條釣魚繩，另一隻的魚鰭部分被扯破了，還有一隻的背上有一道又深又長的傷口漸漸結疤。牠們的大小各自不同，顏色也有些許變化。雌魚跟雄魚明顯不同，牠們比較苗條，比較小，前額比較圓。

我常看見一對綠得特別鮮豔的鬼頭刀，牠們從來不曾靠近我，雌魚長度超過四呎，雄魚還要更大。在記載中，有鬼頭刀長達六呎、重達六十磅。這一對翠綠鬼頭刀提防著我，就跟我提防著牠們一樣。年幼的鬼頭刀不理會牠們的警告，朝救生筏接近，但仍然小心翼翼。牠們知道我會從哪裡射擊，避免游到那幾處地方，或是趁我不注意的時候偷偷游過去。牠們慢慢游進我的射程，然後四下奔竄。

這些魚可不笨，而且牠們能以五十海里的時速游泳，是現有的魚類中速度最快的。那對翠綠色的大魚躍出水面，在空中飛躍數碼之遠，然後落入水中，發出啪吋一聲巨響。就算看見牠們突然飛起來，我也不會驚訝。牠們的表演彷彿是在對我宣示：「看看我們魚類，厲害吧！」然而這些魚本性謙虛，什麼也沒說，就繼續向前游。

我總算又到了一條砲彈魚。那一點點魚肉不足以充飢，但這條母魚肚子裡全是魚卵，這些養分似乎讓我的身體立刻重新有了活力。

這時，第三艘船朝我駛來，但是離得太遠了。我發射了一枚信號彈，那艘船開走了。現在我只剩下兩枚流星信號彈、兩個煙霧信號筒和兩枚降落傘信號彈。那幾艘船全都向東行駛，之間相隔三到四天。我一定是接近大洋航線了，也許第四艘船經過的時候，我的運氣會好些。

≈此刻，化身為我的來世

今天是二月二十六日，我在海上漂流的第二十六天。

我沒什麼好抱怨的，因為這個早晨算是過得不錯。救生筏順利前進，太陽露臉了，而我殺死的第二條鬼頭刀躺在我面前。我處理鬼頭刀的手法，變得更加徹底，不浪費任何部分。我吃了魚心和魚肝，吸掉了魚眼睛裡的流質，折斷魚脊以取得脊椎間的珍貴膠質。我規定自己，一天只能喝半品脫的水，所以已經累積了六品脫半的存水。我神智清楚，而救生筏也還撐著。

我的身體狀況還可以，但我很清楚，自己的情緒隨著波浪起伏而上上下下。

接著午後的陽光打在我身上，光線彷彿被一塊玻璃給集中了，要在我胸膛上燒出洞來。我吃力地跪下，好照料蒸餾器，並且四處張望。就在這時我一陣暈眩，黑暗從我視線的邊緣逐漸擴散，我差點昏了過去。眼前一片藍色，一片模糊，我摸索著拿起咖啡罐，把海水澆在頭皮上。我倒下了，依稀看見海浪朝著我的目的地奮力前進。

宛如一聲霹靂，救生筏迎風的那一側，朝我壓下來，向前翻，救生筏的前端陷入海裡，海水湧進筏內。

終於來了——救生筏翻覆了！我平靜地想著。然而，筏尾又彈回原來的形狀，噗通一聲落在水面上。大約二十加侖的海水在我身邊晃盪，我的睡袋、筆記、墊子，還有其他用具在水上漂來漂去。

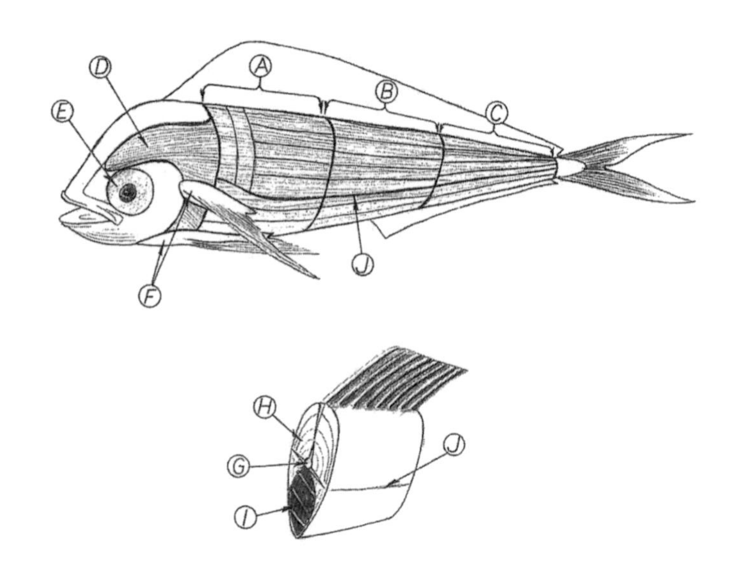

處理鬼頭刀變得更加徹底也更乾淨。從內臟腔Ⓘ取出內臟後，魚身被分成三段（Ⓐ、Ⓑ、Ⓒ），再加上魚頭和尾巴。三段魚身可以切成條狀，掛起來曬乾。肌肉纖維順著魚身而下，到了尾部含有更多肌腱。味道最好也最嫩的魚排是從背上切下來的，在側線Ⓙ上方，最接近頭部的部位。要馬上吃的幾片魚排可以從Ⓐ段魚身切下來，把肌肉纖維從斷面切開。其餘部分都必須縱切，魚肉在吊掛時才不會散開。內臟腔Ⓘ大約只到魚身中段Ⓑ，後面的魚身從側線Ⓙ下方和上方都能切成長條。

在剖面圖裡，脊骨Ⓖ和支撐魚鰭的骨頭把魚身分成了四個扇形，骨頭先被切除，再把魚肉切成條狀。腹部那幾塊魚排裡有少量脂肪，附著在骨盆和胸鰭Ⓕ的魚肉裡頭也有少量脂肪，我稱之為「炸雞」。從魚頭的一側可以切下一塊魚排Ⓓ，眼睛及魚眼周圍的肌肉還有油油的流質Ⓔ提供水分。魚眼、從魚頭刮下來的小塊魚肉、內臟，加上幾塊魚排，提供了第一餐。脊骨、托住內臟腔的胸骨、魚鰭以及切成條狀的魚肉，都留到以後再吃。

那道巨浪融入了遙遠的前方，也預告著更糟的事還在後頭。

筏裡淹水，讓我從麻木的昏睡狀態中清醒過來，我機械式地展開舀水和擰乾的累人工作，又要過三天又濕又冷的日子了。睡袋已經成了一團硬塊，晾乾的時候結了一層硬硬的鹽巴。光是要把大部分的水擰掉，讓潮濕的睡袋不至於滴水就是件辛苦的工作。在接下來的幾個晚上，我只好蓋那條沙沙作響的濕冷太空毯。我身上的瘡又被撕破了，大海對我的突襲毫不留情。

我站著，面對漸漸大起來的風浪，抓住頂篷以支撐站立不穩的雙腿。海浪推著我所站的平台，在我的腳邊滾動。卷雲鋪在空中，像是蓬亂的白色狗毛從天上掉了下來。我的心情和外面的景色一樣，越來越黯淡。

我努力保持樂觀。食物、飲水、蔽身之處這些基本的需求都還能維持，我的心思偶爾能夠自由飄盪，讓我的生活不是只有此時此刻。我是過去，是別人所認識、所感受到的那個我。我，也是那些我做過的事。

至於此刻，是我的來生，沒有什麼可被奪走，也不再有死亡這回事。我知道，這只能暫時令我心安，但足以激勵我定時從墊子上爬起來，感受皮膚上冷冷的空氣，環顧四周。我可不能錯過任何一艘經過的船隻。

我在第二具蒸餾器上發現了一個小洞，用膠帶把洞黏住，讓蒸餾器暫時能夠再度運作，繼續累積我的存水。不管我再怎麼努力保持樂觀，接近的風和飛雲讓我害怕，又有一場強風將至。

二月二十七日，第二十三天。

早晨風聲颼颼，海水洶湧，十呎高的大浪揚起、捲曲，然後擊下。我留在迎風面，裹在帶著鹹味的睡袋裡，偶爾衝到下風面，照料蒸餾器，並且匆匆向外一瞥。

說要保持瞭望是個笑話，能見的地平線就在眼前。

我站起來，隨著海浪起起伏伏，盡量在橡皮底上保持平衡。當救生筏被抬到一道海浪的峰頂，我彎曲膝蓋，以抵銷那股飛起的力道。我們在波峰猶豫了一會兒，隨即衝入波谷。

在波峰的短暫停留中，我的眼睛掃過一段地平線。如此起起落落，過了好幾分鐘，我才一段一段地把四周看清楚。有幾次我瞥見在北邊有樣東西，但是滾動的海浪和浪頭的白沫遮蔽了我的視線。

最後，我被抬到一道巨浪之上，沒錯！她在那裡！一艘船，朝北方行駛，只可惜，我無望被她救起。她朝著離開我的方向行駛，而且距離太遠，看不見信號彈。

不過，她的航向令我振奮——南非往紐約。在二十四個絕望的日子之前，這還只是個夢想，現在，我的夢想實現了。

我抵達了大洋航線，而我，還活著。

≈5≈

編織一個世界

不痛、不餓、不渴、不絕望、不寂寞的每一刻

金屬又冷又硬。倚著舷牆一小時之後，我的手肘有種冰冷的痛楚。

我站著，把雙手深深埋進船長給我的那件羊毛外套裡。「我敢打賭，你絕對沒想到會再見到這座城市。」他說，揶揄地看著我。我打量著地平線——它不再是一片平坦空曠，而是布滿了高聳的摩天大樓和灰色的煙霧；城市裡的喧囂，蓋過了船隻倒退進港的隆隆引擎聲。一個有刺青的結實胳臂，把大腿般粗的泊船纜拉上船，繞在絞盤上。船緩緩駛進船塢，越來越多的繩索被扔出去，綁好。海水在我們四周掀起漩渦，這艘龐然大物被拉進了港。

沒錯，我絕對沒想到能再見到紐約。接著，是一片黑暗和混亂，我的頭撞到了一根棍子，又濕又冷又硬。攻擊我的人呼嘯、低吼，翻滾進夜色裡。我在地球背光的那一面，紐約遠在四分之一個世界之外。風大了起來，海浪也一樣。

橡皮鴨搖搖晃晃，拍擊著水面，彷彿陷在一場撞車比賽之中。

「唉，還在這裡。」我嘆了一聲。

每個夜晚，柔軟的布料輕撫著我的皮膚，我的鼻子裡充滿食物的香味，溫暖的身體包圍著我。有時候，睡夢中的我會聽見自己清醒的大腦厲聲提醒：「趁你還能夠享受的時候好好享受吧，因為你很快就會醒來。」

我習慣了這種雙重人格。通常我在獨自航海的時候，就算我躺在床上，夢到遙遠的地方，船帆飄動、海浪拍打的聲音，還有船身起起伏伏的搖動，從不曾離開過我。只要其中有任何輕微改變，或是有不尋常的聲音傳進我的耳膜，我就會立刻醒來。

然而，昨夜的夢境實在太真實了。我的生活成了一種多層次現實的組合——白日夢、夜夢，還有身體似乎永無止境的掙扎。

我不斷試著相信，這層層現實都是平等的。或許它們的確是平等的，在某種最根本的意義上。但是事情越來越明顯，在這個求生的世界裡，我的身體和本能是整齣表演的指揮，舞動鞭子，讓所有的現實各就各位，並且掌控它們的動作。

我的夢境和白日夢裡的影像，全是我此刻身體所需要的東西，以及如何逃脫身體這座地獄的方法。蒸餾器已經能夠正常運作，我也學會了更有效率地捕魚，除了保存精力、等待和作夢之外，其實我沒有太多別的事可做。然而漸漸地，我發現自己越來越餓，越來越絕望。我的設備，也在損耗中。

每天我必須工作得更久、更努力，來編織一個我能在其中生活的世界。這齣戲，叫做求生，而我想擔任主角。

劇本聽起來再簡單不過：撐下去、限制食物和飲水、捕魚、顧好蒸餾器。然而，只要我的角色稍有變化，就會造成深刻的影響。比方說，如果我太賣力瞭望，我會疲倦，就無法捕魚、無法看顧蒸餾器，也無法完成其他的基本任務；可是我的眼睛若從地平線移開，每一刻都可能錯過一艘經過的船。如果現在同時使用兩具蒸餾器，我或許能夠解渴，讓我有更好的體力來瞭望，做該做的工作；可是如果兩具蒸餾器都損耗了，我就會因口渴而死。

每當我的大腦為我的某些表現喝采，我的身體就會喝倒采，反之亦然。要自制、自律、維持最能夠確保生存的行動方向，對我來說是種不停止的掙扎，因為我無法確定哪裡才是方向。我的決定正確嗎？會不會到最後我才發現，追求立即的滿足，才是最好的方式？大半時候我只能告訴自己：「你正在盡力而為。」

≈一座古老的青銅雕像，一個無弓的射手

我需要捕更多的魚，捕魚成了我一種合理的精力消耗。救生筏底部不斷的輕戳也告訴我，四周的鬼頭刀數量充足。失敗了好幾次之後，我總算刺中一條鬼頭刀的尾巴，但是牠的速度沒有慢下

來，反而拖著救生筏四處亂竄，我則慌亂地試圖穩住，甚至在想搞不好能訓練這些魚，拉著我朝我想去的方向前進。

但我還沒能夠把牠弄上來，牠就掙脫了。唉，再試一次吧。我動手重新裝上魚槍，可是那條產生發射動力的皮帶不見了，沉入三海里深的海水！這下麻煩大了。

這是漂流以來，我第一次碰上丟了零件的大麻煩。但我以前曾動手做過許多克難裝備，所以應該能想出點辦法。

用手邊現有的東西來修理重要裝備，向來是個挑戰。有時候我甚至覺得，航海比賽和出海航行的主要目的，也許就在挑戰自己跟船的極限，看著問題發生，然後想出解決之道。

很多時候，倘若能讓一件克難裝備發揮功能，往往比一趟平靜愉快的航行，或是贏得一次比賽，更令人滿足。勇敢迎向挑戰，是所有航海故事的共同主軸。我曾經修好過桅杆、操舵裝置、船殼和許許多多的小物件，雖然手邊能用的材料不多，但要修理這把魚槍的難度應該不高。

重要的是保持冷靜，修理的小細節，將會決定其成敗。一如往常，我只能成功，不能失敗。不要匆忙，好好做，明天你就能夠再捕魚了。箭和槍身都還是好的，缺少的只是動力的來源。

我把箭矢跟平常一樣放進槍桿，但這回我把箭矢從槍桿末端的塑膠環裡往外拉，盡量增加這件武器的長度。我用兩條長繩把箭和槍身綁在一起，用的是粗壯的鱈繩，這種繩子優於合成纖維製成的繩子，因為浸濕再曬乾之後，鱈繩會收縮讓繩子綁得更緊。光滑的箭矢還是會轉動，所以我再綁上第三條繩子，接著將所有綁上的繩子捆牢——最後綁上的繩子，要跟先前所綁的繩子方向垂直。一旦拉緊，就會束緊原先所綁的繩子，避免綁住的地方隨意鬆開。在箭矢尾端有幾個凹口，平常剛好能嵌進槍把的發射裝置裡。我把繩子從這些凹口穿過去，再穿過扳機口，讓箭矢不至於被一條掙脫的魚扯掉。

我知道，要捕捉鬼頭刀，這把修理過的魚槍還是單薄了點。通常潛水夫在把魚取回時，會把魚槍的箭往回拉，而我則必須用我的魚叉將魚穿透，用的是壓緊的力量，而不是張力。當我把一條魚從水裡拉出來時，箭身也會承受很大的彎曲負荷。不過，我的新魚叉感覺上很堅固，讓我躍躍欲試。祕訣，就在於耐心和力道。先前力量貯存在那條有彈性的皮帶裡，現在我必須鼓起全副力氣，抓緊時機把這個克難魚叉即時叉下才行——如果我想用它刺穿一條厚厚的鬼頭刀的話。

我把左手肘靠在救生筏的上層橡皮胎上，讓自己能夠好好瞄準；然後再把魚叉的箭矢輕輕放在指間，右手臂把槍把高舉到臉頰旁，繃緊了身體，準備好做完美的一擊。我可以順著槍桿瞄準，不過救生筏前後搖晃，我能夠射擊的範圍很窄。水面有一個假想的圓，直徑大約一呎，在這個範圍之內，我無須把做為支點的手肘從橡皮胎上移開，就能出手。如果沒有好好撐住，射擊就會失去準頭，魚槍的有效射程也會從六呎縮短成三、四呎，我必須等著魚剛好游到我的瞄準點下方，這樣牠就會位在射程裡，而且水面折射的問題會減到最小——水面的折射讓魚兒看起來好像在那裡，實際上卻不在。跟水面成斜角的時候，折射的問題就很大。

出手時，我必須盡量延伸射程和力道。我使出全部力氣使勁刺下，努力維持我所瞄準的方向。出手射擊必須在瞬間完成，但也必須要精準掌控，因為這些魚又快又靈活。一旦我把左手臂抬離橡皮胎，事情就毫無指望。我看著那些魚游來游去，但我必須等待其中一條游到射程之內。我維持不動好幾分鐘，幾分鐘又拖長到好幾個小時。我覺得自己成了一座古老的青銅雕像，一個無弓的射手。

≈奇怪的監獄裡，吃到二十磅重的大魚排

這些小傢伙的輕戳，如今在我看來反而成了好處。

我把膝蓋往救生筏上深深壓了下去，就在手中箭矢的後方，引誘牠們過來。筏身被撞了一下，一條魚從筏底溜出來，離右舷稍微遠了一點。又是一撞，離左舷稍微遠了一點。往中間來吧！來吧！水花四濺！用力一擊！拉力很猛，白花花的水中一大片血。

魚在半空中了！**好大！**血噴濺出來！哇！當牠順著魚槍朝我滑來，感覺上像是一片槳迎面拍下。千萬別讓牠溜走，把牠弄進來，快一點！牠在狂怒中扭動著身體，血到處飛。

小心魚叉的尖端，**小心，笨蛋！**撲下去，壓住牠，馬上！這個方頭的巨大身體，在我的膝蓋下安靜地躺了一會兒，我把全身的重量壓在牠身上。魚鰓隨著我喘氣的節奏而鼓動，我試著抓緊牠身體兩側的魚槍，讓自己稍稍休息。牠的身體裂開了一個拳頭般的大洞，魚身幾乎跟救生筏一樣長。

一團團血塊在我另一個膝蓋壓出的小坑裡晃動。

啪！啪！啪！劈啪作響的魚尾巴掃了過來，我被打得向後倒。牠掙脫了！

箭尖，小心箭尖！牠在救生筏上跳來跳去，打算逃離。我的手腕在痛，臉也痛。牠要贏了！

在魚四處跳動的當下，我手忙腳亂的想抓住魚槍——終於被我逮住了！我把牠摔在睡袋和裝備袋上，把箭尖埋在厚厚的布料裡。我們倆都在喘氣，我拿不到我的刀子，牠的眼睛滴溜溜地轉動盤算著——剩下的時間不多，而牠也知道。啪，啪，啪——牠又掙脫了。

小心！我的左臂一陣灼熱。「壓住牠，壓住！」啪，啪，牠在救生筏上到處拍出聲響，像條皮鞭。我再把牠按回睡袋上，張開四肢趴在牠身上，把腿用力往下壓，按住了牠扭動的身體。魚鰓一開一闔。拿到刀子，刺進去，刀尖碰到硬硬的東西——脊骨。轉動刀子，喀嚓。

過了一會兒，牠還在喘氣，慢慢地喘氣，停止喘氣。一切靜了下來……我不想再來一次了。

我不敢相信，救生筏居然沒被劃破。我仔細檢查魚槍，發現只是稍微彎曲了點，繩子綁住的地方並未鬆開。我側耳傾聽，沒聽見嘶嘶的漏氣聲，救生筏的橡皮胎摸起來還很硬。血和內臟噴得到處都是，有些血顯然是我的。以後我會盡量只捕體型較小的雌魚，而且從現在開始，我在捕魚之前會先仔細地把裝備擺好，先把帆布盡量在橡皮底上攤開，再把砧板放下來，把睡袋鋪在救生筏右舷那半邊的橡皮胎上，蓋住我的裝備袋。自從我設法讓蒸餾器開始運作後，修好魚叉算是我克服的第一個嚴重裝備故障。

我花了好幾個鐘頭，來支解這條大魚。先把牠切成四大塊，外加魚頭和魚尾。接著把每一塊切成四個長片，兩片從背部，另外兩片從腹部切。最後再將這四個長片切成條狀，掛在繩子上晾乾，就像幾十根肥肥的手指，美味的肥手指。我在航海日誌裡寫道：這是座奇怪的監獄，牢中的我長期挨餓，但是偶爾會有一塊二十磅重的美味魚排扔過來。

這趟不在計畫中的救生筏之旅，頭幾個星期很順利——還能保持希望，算是很順利了。我逃過了獨行號沉沒的立即危險，適應了一切裝備和環境，而且現在比起漂流之初擁有更多的存糧和存水。

這是好的一面。壞的一面再明顯不過：缺乏澱粉、糖分和維他命，使我形容枯槁。最先消失的是臀大肌，從前胖嘟嘟的屁股，現在凹陷下去，骨盆凸了出來。我盡量常常站著，也盡可能站久一點，但是雙腿萎縮得很厲害，彷彿掛在臀部的兩條線，膝蓋是線上小小的結。過去三隻手無法圈住的大腿，現在兩隻手就綽綽有餘了。我的胸膛和手臂變瘦了，但還是相當強壯，這得歸功於為了生存而必須從事的活動。

身體會挖東牆補西牆，從一個部位竊取熱量和食物，再借給另一個部位，並關閉所有非必要的系統來彌補養分的不足，讓這具殘破的身軀繼續運作。身體如何能辦到這一切，我無法理解，只能驚嘆，幾乎覺得好笑。我在航海日誌裡寫道：「這個白鬼佬身上，不再有肥肉！」

膝蓋上的割傷尚未痊癒，其他的深長傷口留下了厚厚的傷疤。刀子和魚刺在我手上割出幾十個小傷口，似乎永遠不會癒合。傷口周圍形成一圈傷疤組織，像小小的火山，把紅腫的坑洞留在裡面。雖然我小心翼翼地用海綿把水吸掉，維持橡皮鴨的乾燥，我還是有一半時間是濕答答的。

海水引發的爛瘡，一開始只是受到感染的小瘡，接著會長大、裂開，留下來的則會潰爛穿透皮膚。這些潰爛處繼續變寬變深，就像緩緩燒灼的酸液被滴進肉裡。不過到目前為止，我努力保持乾燥有了報償，身上只有十幾二十個瘡，大約四分之一吋寬，集中在臀部和腳踝。我的墊子和睡袋晾乾的時候結著一層鹽巴，鹽巴磨進我的傷口裡。

≈海面上優雅的水薙，讓我看見自己的笨拙

三月三日，第二十七天。

這是我這趟「橡皮鴨三世」之旅的第二十七個日出。我把頂篷入口的簾子捲起來繫住，免得又冷又濕的簾布拍上我的臉。我把頭伸出去，轉向後方，看著升起的太陽，就跟頭一次目睹日出的小孩一樣滿心敬畏。我記下太陽跟救生筏的相對位置。

橡皮鴨柔軟的橡皮胎上有折痕一開一闔，就像沒有牙齒的黑色嘴巴，津津有味地咀嚼著一道道黏膠，以及救生筏檢察員留下的白色粉筆記號。有時候我會好奇，做這些記號的都是些什麼人，想著他們此刻在做什麼。我希望他們過得很好，因為他們把工作做得很棒，讓我充滿感激。

我把充氣管塞進硬硬的白色閥門，開始幹活。這工作就跟洗碗一樣吃力不討好，而且永遠沒有

結束的時候，也跟馬拉松一樣累人。

充氣幫浦的踏板上有環狀的紋路，在我的拇指上磨出了厚厚的繭。每次我一壓，風箱就吐出一聲短促尖銳的嗚咽，像那種會哭、會流淚的洋娃娃。嗚，嗚，嗚，嗚，一，二，三，四……嗚，嗚，嗚，嗚，五十七，五十八，五十九，六十。我停下來，氣喘吁吁，摸摸橡皮胎——還不像一顆西瓜那麼堅實——繼續充氣。然後再替下面那個橡皮胎充氣。中午，日落，午夜，清晨，我壓擠著這個哭哭啼啼的幫浦。在起初那些日子裡，我每天只需要聽六十聲嗚咽，現在卻得從這個討厭的小傢伙身上擠出三百多聲。

蒸餾器癟下來了。每個早上我把它吹飽，引入海水讓它啟動，然後起身環顧四周。要站著不容易，在一艘船堅固的甲板上，海浪的波動被平衡掉了，可是在救生筏上，我的雙腿隨著每一道細浪而起伏。小小的泡沫和著汩汩的水聲，搔著我柔軟的腳底，腳底的繭早就被洗刷殆盡。我輕扶著頂篷，明白只要用力一拉，頂篷就可能垮下來，把我推進海裡。站在我的小舟上，有點像是在水上行走。

目光所及，我唯有的同伴，是一隻海燕和一隻優雅的水薙。海燕看起來就跟我一樣不該出現在這裡，牠像隻山雀般的拍著翅膀，飛行時搖搖晃晃，直衝下來準備笨拙地摔落。事實上，牠一點問題也沒有。我曾見過海燕在狂風呼嘯中拍著翅膀，從一個巨浪的深谷飛到另一邊。牠們只有幾盎司重，讓你以為牠們會從地球表面被吹走。把小小的海燕抓來吃，會是少得可憐的一餐，就算是大得多的水薙也一樣，可是如果有哪一隻冒險飛近，我還是會試著去抓。牠們都不需要我這個危險的傢伙作伴，牠們的好奇心僅止於偶爾從我眼前飛掠，小小的黑眼睛掃視救生筏上的每個細節。

我可以接連幾個小時看著水薙飛翔。牠們很少拍動翅膀，就算在平靜無風的時候也一樣，然後以直線滑翔到接近水面處，好利用水面效應。在沉重的空氣中，牠們以大弧形迴旋，然後俯衝到水面，緊貼著海浪，羽毛跟海水之間看不出有任何空隙。在我眼中，牠們是優雅之神。水薙讓我覺得自己十分笨拙，提醒了我是多麼不適合大海這片疆域。

羅伯森的書裡頭，有一張太陽傾斜角度的圖表，我用來在日出時確定自己的方向，日落時也一樣管用。夜裡，我靠著北極星和南十字星來確定航向，天空為我提供了一個不會破損、永久保用的不朽羅盤。要測量我的速度時，我會記下海草從橡皮鴨漂到救生桿所需的時間。之前我算過，從筏尾到那根桿子的距離大約是七十呎，也就是九十分之一海里。如果海草或其他的漂浮物從橡皮鴨漂到那根桿子要花一分鐘，我的時速就是九十分之六十海里，也就是三分之二海里，等於每天十六海里。我畫了一張表，時間範圍從二十五秒到一百秒，也就是每天九又二分之一海里到三十八海里。我從不曾達到一天三十八海里的速度。

由於我的航海圖把整個大西洋包羅在上面，以這種蝸速的進展，實在不值得每天在圖上標記出來。不過，每隔幾天，我就能再畫下八分之一吋或四分之一吋的進程。我和自己開玩笑說，只剩下一小段路要走——因為在地圖上，只不過是六吋左右的距離。

≈有目標地前進，就是一種解脫

我確信我們——也就是橡皮鴨跟我——已經抵達了航線，很快就會獲救，但我們也可能已經漂過了航線。我曾經再度試著打開ERIRB，但是沒有效果。如今電池僅剩的電量想必很低了，我必須等到看見陸地或航空交通的確切跡象，才會再試著打開無線電。

一抵達我認為的大洋航線邊緣，風就變大了。也許，風神想趁著我們尚未被看見前就把我們推得更遠。我並不失望，能夠有目標地前進是一種解脫。最近沒有鯊魚報到，在六天當中也只看見過一艘船，這條海洋公路相當冷清。

對我這艘慢船來說，天氣狀況很有利。

風勢大到足以讓我們好好前進，但又不至於大到掀起狂濤。除非有一道巨浪襲來，否則橡皮鴨不會翻覆。她以快速的動作順著海浪的斜坡滑下，平穩、無聲，而且從容，似乎是毫無摩擦力。我腦子裡有一幅影像揮之不去——一艘太空船在巨大的彎曲航道上滑行，穿過無垠的太空。我在航海日誌裡，把橡皮鴨畫成飛碟，邊緣上有一條寬寬的帶子圍繞，綴滿了燈光，四周有行星、恆星和魚群環繞。

早餐時間到了。我倒回墊子上，倚著裝備袋，掀起睡袋蓋在腿上，等待白晝的溫暖。掛了兩天的魚肉條，曬得半乾，微微有點咬勁。那些鬼頭刀也展開牠們每日的例行活動，朝我的臀部撞了好幾下，然後四散捕獵。

八品脫辛苦得來的淡水，被我小心地貯存起來，分別裝在三個密封水罐、兩個加蓋並用膠帶封住的水罐、兩個裝蒸餾水的塑膠袋和我平常用的水壺裡。肉鋪裡，現在掛滿了魚肉條。比起煮過或曬乾的肉，還帶點濕的新鮮蛋白質消化起來需要的水分較少，所以我捕到魚之後，盡量在頭幾天多吃一點。隨著日子一天天過去，魚肉越來越需要多嚼幾下。我小心地規定自己食用的分量，同時再開始捕魚。

我開始擔心起我的消化道。羅伯森提起過一個狀況：有一個海難倖存者，長達三十天沒有排便。一旦身體把所食用的微量食物消化完畢，實在沒有多少東西可以排出。我沒有便意，但是擔心一個腫起來的痔瘡，要是腸道突然排便，痔瘡可能會裂開造成失血，屆時很難止血和痊癒。我開始做調整過的瑜珈動作——扭動、彎曲、拱起、伸展——慢慢學習如何保持平衡，抵銷腳下這張水床的晃動。在第三十一天，那個血紅的腫泡開始消下去，少量的腹瀉減輕了我的憂慮。

≈假如小鯊魚找我對決，我拔槍的速度將慢得可悲

清晨、黃昏和夜晚，是我唯一能強迫身體做運動的時間。中午的溫度會驟升到華氏九十度甚至更高，感覺上就像是九百度，我的身體沒有水分可供排汗。救生筏內的空氣既潮濕又不流通，保持

清醒並照料蒸餾器是最累人的事。我昏昏欲睡的腦袋哄著我，該起來了，四處看看。

慢慢來，放輕鬆，跪下來。我注視著生氣勃勃的藍色海水。好，現在等一等，也許等個幾分鐘。我設法讓眼睛聚焦，但是兩個眼睛在頭上四處踉蹌，衝到頭顱的兩側，又再彈回來。拿起那個罐子，小心點，別掉了，已經弄丟一個了。我把罐子浸入水中，水咕嚕咕嚕地流進去，我把罐子舉到頭上，讓水順勢流下，在消暑的涼意中，按摩我的頸部和糾纏在一起的頭髮。我把罐子再一次浸入水中，一次又一次，想像我正爬進陰涼濕潤的高高青草中，停在一株款款擺動的柳樹下。

現在慢慢來，抬起你的頭，向右看，向左看。好，先用一條腿站起來，再用另一條腿站好了。「好孩子。」我大聲對自己說。在精神半錯亂的狀態下搖搖晃晃地站著，但願能夠涼快一點，而我的腦袋就會清楚起來。風瞬間吹乾了從我身體流下的一滴滴海水，攜著些微的熱氣飄去。有時候，這套儀式還真能發生作用，我站穩了，可以站直好幾分鐘。有些時候，我的腦袋彷彿被某個重物壓垮了，眼前只有一片旋轉的朦朧藍色，倒下，用僅存的知覺引導自己倒回救生筏裡。的確，我的體能狀況優於我當初的料想，但是在正午時分，我往往——套用羅伯森不帶感情的說法——「無力做出協調的動作」。

只要我能維持住體力，我就能抵達群島。可是，像這個樣子，我還能再撐多久呢？

我一再重新計算我的位置，依我的計算，我走了大約一千海里，平均速度是每天二十五海里，整趟航程所需的時間是七十天。要是我能引導自己航向瓜德羅普島（Guadeloupe）就好了，於是我調整了一下救生筏，讓頂篷與風向橫交，筏尾的繩索稍微偏離中間，引導「橡皮鴨三世」略微朝向西南，以她能蹣跚航行的最快速度前進。

我在加那利群島時，寫信給我的爸媽和朋友：「我預計將在二月二十四日左右抵達安提瓜島。」也就是七天前。但我在信中也提醒他們，信風尚未將船帆漲滿，所以我可能遲至三月十日才會抵達——就是從現在算起的七天之後。如果屆時有人搜救，我還是在搜救範圍之外，還在離岸太遠的海上。除非能有艘船很快將我救起，家人才不會擔心。

我看見一片鯊魚鰭迅速一上一下，以「之」字形從橡皮鴨前方游過，大約在一百呎之外。那是片小魚鰭，但我還是很慶幸，牠對我們不感興趣，而是向東游去，迎著風和洋流，等待食物隨著北赤道洋流游來或是漂來。

跟大多數的掠食性動物一樣，鯊魚不能讓自己受重傷，因為受傷或虛弱會讓牠們無法捕獵，甚至可能招來同類的攻擊。因此，大多數的鯊魚在攻擊前會先去撞牠們的獵物，如果獵物沒有反抗，鯊魚就會立刻下手。牠們什麼都吃，從車牌到船錨，都在牠們的胃裡被發現過。我倒是想知道，牠們吃不吃救生筏。

我希望牠們會先撞過來，這樣我才有驅趕牠們的機會。可是我也想到《大白鯊》那部電影，聽說在那部電影上映之後，有兩條大白鯊被捕獲，兩條都跟電影中那個機械道具差不多大，長二十五呎，重量超過四噸。大白鯊是難以捉摸的生物，牠們龐大、凶殘、有力，因此沒有天敵，而且從不擔心牠們的獵物反擊。牠們攻擊前不會發出警告，據說還會摧毀船隻，甚至攻擊鯨魚。

此外還有虎鯨，或稱為殺人鯨，據說牠們曾經撞裂大型帆船。我看著自己這把塑膠和鋁製的小小魚槍，重量大概只有一、兩磅。一條小鯊魚如果被箭尖刺中，牠感受到的疼痛也許就跟我被蚊子叮了一口差不多。就算是一條小鯊魚，在日正當中時找我對決，我拔槍的速度也會慢得可悲——還是讓我離開這個小鎮吧。

≈匱乏，像件奇特的禮物……

夜晚寒涼，白天酷熱，只有黃昏和拂曉尚稱舒適。太陽朝地平線落下，漸漸涼爽起來。我跟早晨一樣再度斜倚著，掀起睡袋蓋在腿上，往橡皮鴨漸漸鬆垮的肢體裡充氣，一邊從我的觀景窗看著天空壯麗的終曲。膨鬆的積雲堆積在地平線上，鮮明的白色圓盤不時從積雲後面探出頭來。

在安提瓜島此刻剛過中午，假如我的救生筏能以三海里的正常時速航行，早已經舒舒服服的進港了。不論如何，我還是會辦到的……只要我能鼓起力量，連我都不知道自己擁有的力量。

當雲朵旋轉，朝著落日移動，我開始準備晚餐，挑出不同的魚肉以符合營養均衡的一餐：幾根有嚼勁的肉條（我視之為香腸）、一塊特別珍貴的帶脂魚腹肉排，還有一根脊骨燻肉，上面有薄薄一層脆脆的棕色魚肉。我把脊骨折斷，讓脊椎之間的液狀凝膠流出來，一根麵條狀的東西順著脊椎流下，我把它加進那些凝膠裡，做成一碗高湯。彷彿有個看不見的猶太媽媽哄著我：「吃吧，吃吧。趕快吃，我生病的乖寶貝，你要喝了湯才會好起來。」

奢侈的裡脊肉排，來自內臟腔上方的多肉背部。我挑了幾根乾透的肉條當烤吐司吃，不過，它們烤過頭了，變得脆脆的。

真正的佳餚是內臟。我不吃魚胃和魚腸，它們吃起來有如在嚼優耐陸輪胎，但是所有其他內臟我都吃得津津有味，尤其是魚肝、魚卵、魚心和魚眼睛。魚眼睛很神奇，這些直徑一吋的圓形液體膠囊，又薄又硬的外層像極了乒乓球，牙齒一咬，大量汁液噴湧而出，外加耐嚼的水晶體，以及薄如紙張、有層綠皮的角膜。

我花越來越多的時間去想食物，腦海中對一家旅館餐廳的想像，充滿著各種不同的細節——餐廳裡的椅子要怎麼擺，菜單上會提供什麼菜餚；加了雪利酒烹調的蟹肉熱騰騰的，從一層層薄薄的派皮裡溢出來，鋪在風味菜肉飯和烤杏仁上；剛烤好的鬆糕從烤盤裡脹得迸裂開來，融化的奶油從剝開的溫熱麵包邊上流下，烤派和布朗尼的香味飄在空氣中，一球球沁涼的冰淇淋牢牢地矗立在我心靈之眼中……

我設法驅除這些影像，但是飢餓讓我在夜裡好幾個小時無法入睡。我為了飢餓的痛苦而生氣，但就算我在吃東西，這種痛苦也不會停止。

我把大部分的飲水配額留做甜點。由於我又累積了一些存水，我可以允許自己在白天喝半品脫，晚餐時喝四分之三品脫，還能剩下幾盎司留到夜裡喝。我讓一口水慢慢在舌頭上轉，直到水分慢慢被吸收，而不是直接吞下肚。將來等我回到岸上，我想就算是冰淇淋也不會比這更可口。

在這種寧靜的時刻，匱乏就像件奇特的禮物。我每天捕魚幾小時以取得食物，在一頂橡皮帳篷裡尋得庇護。相形之下，我從前的生活似乎複雜得沒有必要。我第一次清楚看出，人類的需求和欲望之間的巨大差異。

≈不痛、不餓、不渴、不絕望、不寂寞的每一刻，你珍惜嗎？

在這趟航行之前，我一向擁有我所需要的一切——食物、居所、衣服和同伴，但是我還是經常不滿足——當我得不到我想要的一切時，當別人不能滿足我的期望時，當一個目標未能達成時，或是當我得不到某些我渴望擁有的東西時。

如今，困境帶給了我一種奇特的財富，而且是最重要的一種。我珍惜不痛、不餓、不渴、不絕望、不寂寞的每一刻。

就連此刻，我身邊也無比富饒。當我從救生筏望出去，在平緩的波浪上我彷彿看見上帝的臉，在游泳的鬼頭刀身上看見祂的優雅，感覺到祂的氣息從天空吹拂而下掠過我的雙頰。我看見萬物，皆是依祂的形象而造。

然而，儘管有祂時刻相伴，我卻需要更多。我需要的不僅是食物和飲水，我還需要感覺到其他人類心靈的陪伴。我需要的不僅是片刻的寧靜、信仰與愛，我還要一艘船。是的，我還需要一艘船。

海面變得平坦，一切都平靜下來。我內心感受到一首興奮的交響曲，逐漸激昂起來，原本輕到幾乎聽不見的樂音，變得越來越濃烈，直到所有的聽眾都被捲進去，大家怦怦的心跳合而為一。

我起身審視著地平線，巨大的積雨雲從筏尾吹過來。雲的上方還是羊毛般雪白的厚厚雲層，雨水卻從它們烏黑平坦的底部降下，一如羽毛般的冰晶。灰色的雨水急落而下，形成一道道雨牆，把明亮的藍天推得更遠。

這時，一枝看不見的畫筆突然揮灑出一道色彩鮮明的完整彩虹，從地平線的這一端到另一端。彩虹弧形的頂端，就在我頭上，融入一萬呎之上的流動白雲之中。微風輕撫著我的臉，救生筏的頂篷啪啪作響。平坦的藍灰色海面碎成湧動的白色裂縫，遠遠的西邊，太陽驀地從翻騰的空中雕塑之間冒出來，在地平線上保持平衡。順著它的軌跡，向東邊送出溫暖，曬熱了我的背，讓救生筏的橙紅色頂篷發出紅光。

接著，彷彿有另一枝看不見的畫筆一揮，畫出另一道完美的彩虹，就在第一道彩虹的內側後方。在這兩條彩帶之間，是一片片深灰色的牆，比較小的那道彩虹像張洞穴般的嘴，邊緣被照亮了，裡面是一片更深的鐵藍。我覺得自己彷彿正通過一道以天空為穹頂的走廊，穹頂有著無法複製的壯麗和色彩。

就連鬼頭刀也紛紛躍出了水面，畫出高高的弧形，彷彿想觸碰雲朵，將落日捕捉在牠們閃亮的皮膚上。

我舒服地站著，背對著太陽，涼涼的雨水打在我臉上，注滿了我的杯子，將我洗淨。在遠遠的北方和南方，兩道彩虹的末端和大海相接。四個彩虹末端，當然連一罈金子也沒有[8]，儘管如此，眼前這財富仍舊屬於我。

也許一直以來，我始終在尋找錯誤的錢幣。

隨著這個奇景漸漸消逝，我把接到的雨水倒進貯水罐裡，把睡袋拉上來蓋住身體，閉上了眼睛。我全身痠痛，卻出奇地平靜。在這短暫的片刻，我覺得自己彷彿離開了地獄裡的坐席。這樣的好日子持續了三天。事情總是時好時壞，沒有什麼會永遠持續。

≈大海，你他媽的混蛋！

三月六日，第三十天。

這天夜裡，要命的強風再度吹起。一整夜，我被扔來扔去，就像試圖在一輛碰碰車裡睡覺。

第二天，風速強達每小時四十海里。翻捲的浪濤朝著橡皮鴨拍擊而下，我心想，這陣強風最好能把我們捲起，直接飛抵安提瓜島。想瞭望根本不可能，我只能把入口處緊緊繫住，就連照料蒸餾器也很困難。假如我有窗戶，就能在海浪打進筏內之前張望外面的情況，說不定還會看見一艘能讓我脫困的船。

我嚼著一根魚肉條，耐心地等候這陣強風吹過。

鬼頭刀的皮太硬了，咬不動，我只好用牙齒把魚肉刮下來。我感覺到嘴裡有個又硬又尖的東西，像片骨頭，拿出來一看，發現是片塑膠──原本罩住我一顆門牙的套子剝落了。小時候，這個牙套也曾掉下過幾次，那股刺痛從牙根裸露的神經一直傳到我的大腦，我還記憶猶新。我感覺得到一部分的牙套還留在神經上，但已經鬆了，撐不了多久。

海水不斷順著頂篷滴下，三月八號那天，橡皮鴨再次被擊倒。我把好幾加侖的水舀出去，動手擰乾那重重一塊、本來應該是睡袋的東西。我的牙套整個掉了，但出乎意料的，那顆牙齒一點也不痛，想必是神經已經死了──感謝上天賜予這些小小的奇蹟。

我已經兩天沒睡，皮膚蒼白，就連皺紋裡都又長了新皺紋。頭髮濕糊糊的在頭上糾結著，魚鱗黏在身上，一片片彷彿塗上了亮銀色的指甲油。我的模樣想必很糟，咧開嘴時門牙露出一個缺口，像個醜老太婆。唉，我們這些駕駛救生筏的人，可沒辦法一直維持最迷人的風采啊。

兩小時之後，鴨鴨再度被大浪擊中。我坐在漂浮的殘破物品之中，筋疲力盡，認輸了，無法再保持冷靜。我發起脾氣，用拳頭打水，水花四濺，大喊：「大海，你他媽的混蛋！」整整五分鐘，我除了詛咒風和大海之外什麼也沒做，我崩潰了，哀哀啜泣：「為什麼是我？為什麼偏偏是我？我

只想回家，就只想回家而已。為什麼不讓我回家？」

與此同時，在我心中有另一個聲音在斥責著我，要我別再像個小孩一樣哭鬧。但是我控制不住，我對著自己吼：「我才不要講什麼道理！我又痛又餓又累又怕。我想哭。」

而我真的哭了。

我並不知道就在這一天，或許就在這一刻，我父親打電話給美國海岸巡邏隊，通知他們「拿破崙獨行號」逾期未返。在這之前，我母親做了一個噩夢，看見我在黑色的水裡泅游，掙扎著想浮出水面。她在驚嚇中醒來，冷汗直流，全身發抖，從那以後就一直很緊張，等待著我的消息，但我音訊全無。

過了幾分鐘，我心中的怒火漸漸平息，開始動手做那永無止盡的沉重工作——把水舀出去，把東西擰乾。也許等我回家以後，我會跟朋友和鄰居一起去野餐。

對，為了這頓野餐，我得要回去。我們會有笑聲、孩子們和剛修剪過的草地，還有松樹和鱒魚池。我終究會得到這一切。我們會有大片大片的烤肉，堆得跟樹一樣高的沙拉，還有小山般的冰淇淋。別人會問起我漂流的情況，我會告訴他們，我恨死漂流，恨死海上的一切——沒有一個又黏又滑的角落不發臭，你絕對不會喜歡；你只能做你非做不可的事；我恨死了大海在我耳畔噠噠噠地發射重型步槍；恨死了它把沉重的冰雹滾到我身上；恨死了它撕開我身上的傷口，擊倒我，戰勝我。一連幾個星期，沒有暫停比賽的鈴聲，沒有所謂的回合，只有不斷的猛攻。

我甚至恨死救了我一命的那些裝備——簡陋的救生筏，根本只是盲目漂流的爛船一艘；褪色的帳篷，會把乾淨的雨水弄得污濁。我恨死了必須用同一個盒子來排泄和盛裝飲水，我恨死了必須把可愛的生物拖上救生筏，像隻怪獸一樣撕裂牠們的肉。我恨死了數著分分秒秒度過了三十二天，我恨死了……我恨死了……

我以前不知道，一個人心中能同時有這麼多憎恨和這麼多渴望。是的，我總會回到家的。我非回去不可。風，小了點嗎？

還是，那只是我的想像？

≈我會不會在獲救前的半天，就因為缺水喝而渴死……

三月十日，第三十四天。

不，風沒有變小。

接下來那兩天裡，強風持續吹著，日子宛如地獄。

我又抓到一隻砲彈魚，這是我的第三隻；也抓到了一條鬼頭刀，那是我的第四條。那條鬼頭刀把我的魚槍又弄彎了，看來我必須節制使用我的工具，誰曉得再捕多少隻鬼頭刀，就會讓魚槍折損到無法修理？而我的魚槍又還得撐多久？

蒸餾器的收集袋在一個小時前就快滿了，此刻它軟軟地垂下，袋子的一邊被咬破了一個小洞。該死的砲彈魚。我損失了超過六盎司的水，老兄，這等於損失了半天的性命啊。想想看，如果你在獲救前的半天渴死，你不覺得自己像個蠢蛋嗎？

到了三月十一日，風浪再度平靜下來，一切重返較為平穩的例行生活。我大約在前往西印度群島的中途，我再度有時間來細數自己的福分：獨行號浮在水上的時間夠長，讓我得以搶救出我需要的東西；我的裝備全都能夠運作，而且還表現得相當不錯；登山、露營、童子軍、造船、航海、設計，還有家人始終鼓勵我勇於面對人生的挑戰，這些都給了我足夠的技能，讓我能在這座渺小的浮島上站穩腳步。

我就要到了，到目前為止，這是個充滿奇蹟的故事。

三月十三日，第三十七天。

這一天，我的心情談不上愉快。因為天候惡劣，我最後捕到的那條鬼頭刀始終沒能好好曬乾，變得黏糊糊的，發出腐臭味。我沒有吃掉多少，最後只好扔掉。我打起精神做瑜珈練習，花了一個半小時，才做完平常只需要半小時的動作。就連在傍晚的平靜時刻，我也不認為自己還能再撐多久。

勉強挺住，是不夠的，我必須盡可能維持在最佳狀態，必須吃更多東西。我拉起拖在筏尾的貝類養殖場，用刀刃把藤壺刮下來。我從花生罐和咖啡罐上刮下一些鐵鏽，放進我喝的水裡，希望能夠吸收到一點鐵質，以減輕貧血。

我對那個控制著我肉體的懶鬼說話，哄著他在入口旁跪下來，等待下一條鬼頭刀。起初，這懶鬼的動作很慢，一條鬼頭刀游出來，笨拙地把魚槍插進水中。沒擊中。

再試一次。沒擊中。

但是，血液的流動有助於喚醒另一個自我——身體的自我。第三次出手時，我終於射穿了那條魚的背部，牠又扭又扯，想要掙脫，把我拖到了救生筏的邊上。我隨著那條魚移動，因為我不想折斷或弄彎我的魚叉。然而，我也必須趁牠掙脫之前，盡快把牠弄上來。

於是我任由牠又扭又扯，一邊彎下身子，把槍桿抓在靠近身體的地方。接著，我把魚槍舉高到不用擔心會把槍桿折彎的程度，一甩，把魚甩到筏上那條用來保護底部的毯子上。我一邊用膝蓋把魚壓住，一邊把砧板塞到牠頭下，正好在魚鰓後方，拿起刀刺進側線，刀刃一轉，割斷了脊骨。之前我會先把魚完全清理乾淨再吃，但這次我實在太餓了，先挖出內臟吃了再說，其他的部分先擺在一邊。

到了下午，我吃著魚的內臟，感覺就像接受了一次輸血。這條鬼頭刀的胃似乎裝滿了東西，我一割開，五條被消化了一部分的飛魚散落在筏上。我猶豫了一下，拿起一條飛魚嘗了一小口，差點吐出來。

我把這些飛魚收拾起來扔出去，但牠們還在半空中時我就想到了：笨蛋！你應該把牠們洗乾淨再吃的！下次吧，唉，就這樣浪費掉五條魚。

我抹掉濺出來的胃液，繼續清理鬼頭刀。

在炎熱的天氣裡，蹲著支解我的漁獲，汗水從我頭上冒了出來。我兩度停下來伸伸腿，放鬆一下痙攣的膝蓋和背部。很辛苦，但我動作很快，這樣才能快點休息。這一向是我的工作方式——盡量鞭策自己迅速完成工作，這樣才能徹底休息。

正當我在魚肉條上鑽洞，打算用繩子掛起來，**啪叮！**橡皮鴨把我夾在她的橡皮胎之中，海水流了進來。接著她又彈回原本的形狀，彷彿什麼也不曾發生。

過了好一會兒，我才喘過氣來，從驚嚇中回過神。海浪的平均高度只有三呎左右，可是一道巨浪正從容不迫地滾向遠遠的前方。我聳聳肩，再度動手幹活，我已經習慣了大大小小的災難無預警地來襲。

蒸餾器奄奄一息地躺著，從救生筏前端軟軟地垂下，想必剛才被撞得很重。空氣從裡頭往外噴的速度，幾乎跟我把氣吹進去的速度一樣快。

蒸餾器底部有塊布，多餘的海水會穿過這塊布流掉，布濕的時候還有密封的功能。但是現在，這塊布破了個洞，應該是因為不斷濕了又乾，加上跟鴨鴨的橡皮胎摩擦造成的。才用了不到三十天，這個蒸餾器就報銷了。剩下的那具蒸餾器則始終無法運作，我再怎麼強迫它也沒用。隨著我們朝西方漂流，下起輕微陣雨的次數是增加了，但一星期裡能接住六到八盎司的雨水，就算我走運了。

又一個重要的生存憑藉消失，這下麻煩可大了——話說回來，我的麻煩一直很大就是了。

我必須讓另一個蒸餾器開始運作，並且讓它可以維持超過三十天才行。我把氣球吹飽，直到繃緊。就在收緊繩通過的那個垂邊下面，有個小洞吹著單音的口哨，吹得整個氣球的肺都空了。那個洞位在一個窄窄的角落，而且就在凹凸不平的接縫上，我無法把一塊修補用的膠帶好好塞進去。就算是在造船師傅設備齊全的工廠裡，要讓一件東西不透水已經夠難了，想讓它不透氣更是難上加難。

我花了好幾個鐘頭的時間，想找出辦法封住這個漏氣的蒸餾器。也許我可以從那個舊蒸餾器或是它的包裝上，割幾片塑膠下來，點火燃燒後把熔化的黏膠滴在那個洞上。可是，我發現火柴全濕透了，而打火機的液態瓦斯也已經耗盡。

於是，我貼了一片膠帶上去，盡可能壓緊，每隔半小時就再把氣球吹飽。每次我一停止吹氣，蒸餾器就開始塌陷。水開始集結在收集袋裡，卻都是鹹水。以這種速度，我已經覺得嘴部肌肉開始痙攣，而且嘴巴很乾。我必須找出一個有效的解決辦法。假如能有一些矽膠或是強力膠就好了。

≈桌上有兩組籌碼，一組叫得救，一組叫死亡

三月十六日，第四十天。

我成功地撐過了四十天！

但是，我的存水越來越少，而且肉鋪裡只掛著幾條硬硬的魚肉。再加上，想到橡皮鴨的保固期限是四十天，我就開始擔心——如果她現在發生故障，你說，老闆會把錢退還給我嗎？

儘管問題重重，我大有理由來慶祝今天這個里程碑。我撐過來的天數，已經超過我原先的夢想；前往加勒比海的航程，已經走完了一半以上。每一天、每一個困難、每一刻的辛苦，都讓我的得救之路又跨前了一小步。獲救的機率持續增加，就跟裝備失靈的機率一樣。

我想像兩個玩撲克牌的人，面無表情地往一堆籌碼上下注，一個叫得救，另一個叫死亡。賭注越來越大，那堆籌碼此刻就跟個人一樣高，跟救生筏一樣大。其中一人就要贏了。

鬼頭刀，正在發動牠們的晨間突擊，不斷在筏底衝撞，有時還會游出來，用尾巴猛拍救生筏。我抄起魚槍，等待著，有時候我很難聚焦。

上一次強風來襲時，我被用來固定蒸餾器的一根繩子打到眼睛，淚水流了好幾天，眼睛也腫了幾天，後來雖然不再流淚，卻在我的視線中留下一個點，往往讓我以為瞥見了一架飛機，或是以為有條魚就要衝到魚槍的箭尖前。鬼頭刀的速度飛快，我必須瞬間出手，不假思索，就像一道閃電。一個魚頭一閃，剎那的遲疑，一道水花，魚槍出手，一股力道扯著我的手臂，魚掙脫了。

有幾天裡，我在早晨和傍晚擊中了兩、三隻，但最後多半一無所獲。今天早上我運氣很好，抓到一條肥美的雌魚。在不停晃動的救生筏上蹲著操刀兩個小時，對我細如火柴棒的雙腿來說很是辛苦。

總算把魚處理完畢。我把魚肉掛起來晾乾，動手抹去魚血和魚鱗，但我一看，墊在下面的海綿已經成了一小團廢物。顯然，是在我抹掉前一隻鬼頭刀的胃液時，胃液把海綿給消化了。我想到睡袋，反正它很能吸水，我乾脆取出一些棉絮，用幾段鱈繩綁在一起，拿來當成海綿使用。

我每天都照樣根據自己對救生筏狀況、身體狀況、存水和存糧的分析，來設定優先事項。每天，都至少有一項不盡如人意。今天，我必須要設法解決的一大問題，就是收集雨水，或者蒸餾出淡水。

我從第一具蒸餾器——就是老早被我割開的那一具——取下一些黑色布芯，用這塊布來蓋住底部損壞的那具蒸餾器的洞，並藉由蒸餾器的重量，把這塊布固定住。這一來，我就有了兩具蒸餾器，一個在前，一個在後，放在唯一能讓我時時照料的兩個位置上。

一整個白天，每隔十分鐘，我就像個人形風箱一樣，替其中一具蒸餾器吹氣。在吹氣的空檔，我把蒸餾液倒出來，免得海水趁我不注意時溜進去，把淡水給污染了。到了日暮時分，我已收集到整整兩品脫的淡水。

為了這些小小的成功，我付出的代價越來越高。因為這工作很吃力，會蒸發掉我體內很多水分，我無法判斷體內冒著熱氣的細胞，能否從這種運動中得到任何好處。這幾天我沒什麼時間作夢，幾乎連活著的時間都不夠，但是堆成小山的美味水果，仍舊在我的心靈之眼前流連不去。

到了第二天，同時使用兩具蒸餾器的如意算盤落空了。比較舊的那具蒸餾器，布底整個掉下來了。一整天，我讓那具還能用的蒸餾器保持運作，同時試著替舊的那具設計出一塊補丁。我費了很大的功夫，用鑽子在缺口邊緣上鑽洞，然後把細繩從這些洞裡穿過去，縫上一個新的布底。我嘗試用僅剩的一些膠帶把它黏住，但還是徹底失敗了。我努力讓它起死回生，但不管我費了多少力氣，也不管我動作有多快，那具蒸餾器還是了無生氣地躺在那裡。

倒是，我漸漸了解了這具新蒸餾器的個性。海水從蒸餾器頂端的一個閥門滴進來，把內部的黑色布芯弄濕，而這塊布芯變濕的速度，是製造淡水的關鍵。如果布芯太濕，就無法有效變熱，多餘的溫暖海水反而會通過底布流掉。如果布芯太乾，能夠蒸發的水量就無法達到最大值。因此我必須加快海水蒸發、在塑膠氣球內側集結、凝結及最後滴進收集袋的速度。蒸餾器內部的壓力，似乎會影響海水從閥門滴進來的速度，當壓力的大小足以讓蒸餾器稍微癟下去、但又不至於讓布芯碰到塑膠氣球時，它的運作似乎最有效率。如果布芯碰到塑膠氣球，布芯裡的海水就會滲進蒸餾液裡。要讓氣球維持在充氣程度恰到好處的情況下，需要不時看顧。

為了避免底布再度破損，我用一塊帆布替這個蒸餾器做了一塊尿布，再加上襯墊，用的是從那具被割開的蒸餾器取下的布芯。我把這塊尿布的四個角，綁在蒸餾器收緊繩的垂邊上，整個包住蒸餾器的底部，希望這塊尿布能夠阻擋蒸餾器跟橡皮鴨之間的摩擦，也可以避免底布總是濕答答的，以延後損壞的時間。

接著，收集雨水的設備也需要加以改善。

當第一滴雨水從天上「答」一聲落下時，我通常會把那個保鮮盒塞在蒸餾器的後側，利用蒸餾器的繫帶加以固定。這個安排很簡單而且很快，可以迅速倒出裡面的水——這點很重要，因為必須這樣才能盡量避免浪花或濺起的海水，污染到所收集的雨水。不過，如果能設法將保鮮盒固定在救生筏頂部的話，我認為還能留住更多雨水。要固定住盒子，我得先在盒子上繞一圈繫帶。

我的多功能刀上有個鑽子，鑽子上有個尖頭，我用它鑽進盒子的那圈塑膠邊，在四個角上都鑽了洞，把細繩穿過這些洞，做成一個繩箍，再把一條繫帶的兩端固定在橡皮鴨的尾端，把繫帶從中間拉起來，拉到救生筏拱形頂端橡皮胎的上方，再夾上一個可以迅速打開的金屬夾（這夾子是從一具蒸餾器上摸來的）。在前方，我把一條短的收緊繩，綁在救生筏頂篷的入口處，繩子的另一端也拉到頂篷頂端，並且也夾上一個金屬夾。當我需要把保鮮盒拿來做其他用途時，可以把那兩個夾子夾在一起，這樣一來，它們隨時可以派上用場。一開始下雨，我就能迅速用夾子夾住繞在保鮮盒上面的繩箍，讓盒子能安全地擺放在拱頂橡皮胎的頂端，更能夠直接迎風，而且離海浪也比較遠。最大的好處，是雨水落入盒中時不會再被頂篷擋住，因為頂篷現在位於盒子的下方。事實上，後來證明這個方法的效率倍增。

最後，我還要保養我的鋼刀。那把帶有鑽子的多功能刀，是我十二歲時得到的，主刀的彈簧早就壞了，所以刀刃會稍微晃來晃去。現在刀上滿是鐵鏽，我把它刮乾淨。我經常得磨利它與另一把帶鞘短刀——把鋼刀在魚皮上用力摩擦，魚皮的脂肪層能生出一點點油脂來潤滑刀刃，使它們閃閃發亮。我珍惜原始材料與基本工具，用它們可以做很多很多的事。紙張、繩子和刀子，一向是我最

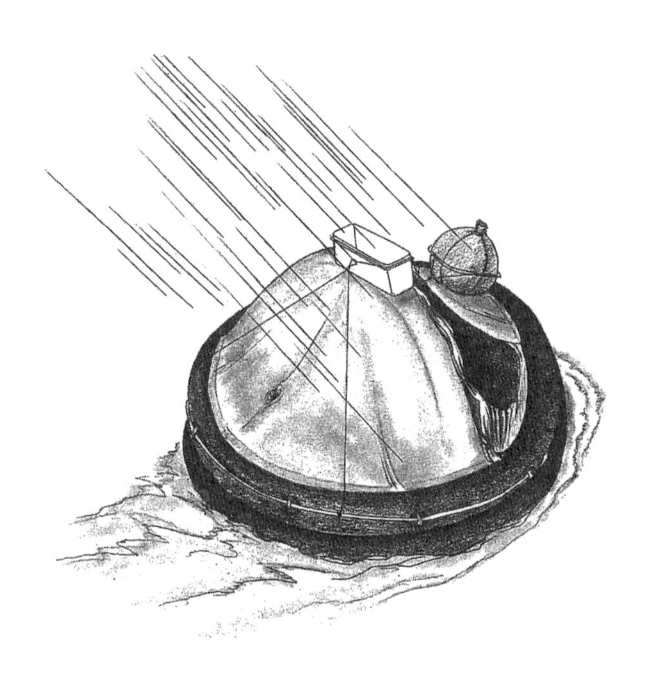

我把保鮮盒綁在救生筏頂部，它收集雨水的效率提高了兩倍。用來固定盒子的繫帶則用夾子夾在盒身的繩箍上，可以迅速鬆開。盒子前方也有一個相同的夾子和繫帶，圖中看不見。沒有下雨時，我會把盒子取下，把兩個夾子夾在一起，盒子就可以拿來做其他用途。

喜歡的人類發明，而現在，這三樣東西都是讓我維持精神正常、讓我活下去的必要物品。

≈像一個句點，坐在一本無字天書裡

三月十八日，第四十二天。

每一天，似乎都變得更加漫長。我在救生筏上的第四十二天，大海平坦炙熱，有如八月中赤道上的鐵皮屋頂。從水波反射出來的幾百個太陽，加入天空中的太陽，我只能設法在橡皮鴨上改變姿勢。我與橡皮鴨像一個句點，坐在一本無字天書裡。

我發現，睡袋既能保暖，也有助於保持涼爽。我把睡袋在救生筏上攤開來，曬一曬太陽，再將雙腿塞到睡袋下面。這一來，夾在濕濕的睡袋和涼爽橡皮筏面中間的一雙腿，馬上就有了遮蔭之處。這對我身上的瘡不太好，但眼前那些瘡的情況不算太糟，而解暑的效果卻相當明顯。如果沒有睡袋遮蔽，黑色的橡皮筏底會變得很燙，橡皮鴨本來就熱到爆的內部，也會變成一個令人無法忍受的烤箱。

無事可做，除了等待風起，並設法取得更多的食物。

來點可口的新鮮內臟吧，應該有助於提振我的士氣。

一群砲彈魚朝著救生筏一側飛起，隨即消失在筏底，又飛出來，旋轉、入水、轉圈，圍著彼此轉來轉去，表演著一場絕妙的水中芭蕾。

如今牠們對我十分提防，比那些鬼頭刀更難捕捉。牠們的速度不像鬼頭刀那麼持久，但是能以快速的急轉，靈活地躲過我的魚叉。牠們在我的射程之外舞動，我伸手刺下，沒能刺中。我必須雙手並用才能刺中一條鬼頭刀，但我也許能迅速用單手刺穿一條砲彈魚。

一刺，再刺，牠們擺動的魚鰭嘲笑著我。我伸直手臂，向前一戳，魚叉終於刺進一條砲彈魚的肚子。我在魚腹中，發現了一個大大的白色囊狀物——想必是雄魚的性器官——我很快就懂得珍惜這個器官，就跟我珍惜雌魚的金色魚卵一樣。

橡皮鴨啊，拜託妳不要一直晃來晃去好嗎？妳這樣晃法，根本是在邀請本區所有的鯊魚上門。也許，我該趁著海面如此平靜的時候多捕些魚。

太陽再度落到地平線下，鬼頭刀為了夜間的休憩而聚在一起。牠們似乎被這種平靜的天候給催眠了，像幽靈般悠悠來去，溫柔地輕輕推著我們。那一對翠綠色的大魚仍然在附近駐留，時時留意牠們的魚群。

我開始能辨識出這些魚，不僅是從牠們的大小、斑紋和疤痕，也從牠們的個性。我漸漸對牠們產生了依戀，牠們有的喜歡攻擊救生筏的這側，有的偏好攻擊另一側；有些攻擊力道很猛，撞了就跑，彷彿在生氣，或是在試探我的虛實。另一些則從筏底輕輕滑過，然後一扭一扭地游出來……就……在……正前方。

射擊！可惜，我這一擊太後面了，接近魚尾。牠從水面翻騰而出，掙脫了。我稍做休息。雲朵停留在銀色的太陽上，像髒兮兮的指紋，太陽正在下沉，就要碰到地平線。大束的光芒自天空射下，彷彿「耶穌之光」[9]。在東邊的地平線上，天空變成一片深藍，很快就會變黑，布滿閃爍的星星。

徐緩柔和的海浪，讓我想起一整片綿延的成熟麥田，和風徐徐吹過，標示出無形的天空與大地接壤之處；麥稈被風吹彎了腰，沉重的頭部低垂下來，等待收割者長長的鐮刀。

能捕魚的時間不多了，我再度擺好姿勢。

說時遲那時快，一個碩大的身形在我左邊一閃。我已習於等待做完美的一擊，但是在這個黃昏，我也許不會再有出手的機會。

管他的，我不假思索，也不再害怕跟另一尾雄魚搏鬥。我向右一滑，把魚叉朝左邊刺下。哼！牢牢刺中！

一切歸於寂靜。

你的狂怒呢？我緊握著魚槍，靠在筏邊，一動也不動。照理說，一場惡鬥就要展開，但這次卻沒有動靜。牠碩大的頭上眼睛呆滯，微微張開的嘴巴已經麻痺，魚鰓緊緊閉著。魚叉的箭尖，留在順著牠體側而下的條紋裡，那道條紋標示出牠脊骨的位置。箭尖幾乎全在魚身裡，但魚叉沒有完全穿透牠。我輕輕地把牠拉過來，用另一隻手抓住魚叉，小心翼翼地把牠提起來，有如在一根棍子的頂端耍弄一顆球。

不必再忍受又一場惡鬥，讓我大大鬆了一口氣，這可是一整週的食糧呢。隨著魚身漸漸被抬起，光滑的水面冒出泡沫。現在，我要接住牠的重量了……啪！我撲出去抓住牠。

太遲了，光滑的魚皮從我笨拙的指間滑落，僵硬的碩大魚身，旋轉著往下沉，像一片鮮豔的落葉從樹枝上飄落。隨著牠越沉越深，牠空洞的眼神一圈圈地轉動。

其他的鬼頭刀全都在一旁看著，牠們潛下去，越來越深，越來越深，如同朝牠探下去的手指頭。最後，牠們的身形聚集在一起，宛如有生命的花瓣，死去的那條魚有如雄蕊，花瓣就從雄蕊上綻放開來。這朵小花旋轉得更深了，變得越來越小，直到消失。

太陽已經無影無蹤，海水變得漆黑而空洞。而我，望進海底深處。

≈6≈

宇宙啊，你可聽見我

我的哭泣，我的呻吟

紐約海岸巡邏隊在三月九日，向維吉尼亞州和波多黎各的廣播站發出指示，在他們朝海上播送的「航海通告」中，發出一則帆船逾期未抵的消息——在深海水域的商船和遊艇，通常會收聽這個廣播。

透過倫敦的勞氏驗船協會，海岸巡邏隊查出我到過加那利群島。由於沒有正式紀錄顯示我曾經去過耶羅島，他們拒絕相信我在一月底離開那座島嶼。後來是我爸媽影印了我那封蓋了耶羅島郵戳的信，把影本交給他們，他們才相信我爸媽所言不虛。海岸巡邏隊這種不信任態度，從他們處理我這個案的過程展露無遺，後來也讓他們自己感到難堪。他們在西印度群島展開港口調查，想看看獨行號是否已經抵達，卻沒有通報。

但是，沒有人知道我離開加那利群島的確切時間，也沒有人知道我究竟是直接向南方行駛，以便乘著信風前進，還是先經過維德角群島。我的家人知道我沒有繞道維德角，但是海岸巡邏隊認為他們的話不能做準。

海洋是一片無垠的荒漠，要標出一艘船的確切位置，簡直比在乾草堆裡找一根針更難，就算已經知道那艘船的大致位置也一樣。即便能夠把我的位置縮小到一百海里的範圍內，想找到我，也必須搜索直徑長達兩百海里的圓形區域，面積超過三萬平方海里才行。

海岸巡邏隊對我家人隱而未言的是，如果我逾時未抵超過一個星期，那我多半已經死了。這種事司空見慣，一九七二年到一九七七年之間，光是在捕魚業的意外事件中，就有三百七十四名水手在美國的海域喪生。海岸巡邏隊的經費遭到削減，所以人員和設備都嫌不足，更何況，就算他們派出一隊搜索小組，也還是找不到我。我還在距離陸地太遠的外海上，在有效搜救的範圍之外。海岸巡邏隊告訴我家人，說他們不可能派飛機去搜尋獨行號。

≈牠們的肉供我吃，牠們的靈魂與我相伴

同一時間，回到我的救生筏上。

雖然我仍舊仰望天空，搜尋有飛機飛過的任何跡象，我卻淒然明白，自己不大可能看見飛機。

到了三月十八日，我在救生筏上的第四十二天，海岸巡邏隊結束了港口調查——調查集中在法屬和英屬的西印度群島，沒有人曾經看見獨行號。

在夜裡，我每次大概可以睡上一個半小時，直到鴨鴨的橡皮扯掉我一撮頭髮，或是腿部嚴重抽筋，逼得我不得不變換姿勢。我站起來，環顧四周，然後再度躺下，改換另一種勉強稱得上舒適的姿勢。

月亮被一點一點吃掉，直到什麼也不剩，然後又漸漸長圓長胖，然後再度被接連無盡的夜晚吞噬。儘管我心中擔憂——尤其是擔心鯊魚或其他生物會突然給救生筏致命的一擊，一切都還差強人意，而且我覺得自己得到了足夠的休息。

三月十九日，第四十三天。

我跟平常一樣起床，盼望這一天，會握到那把解救我的鑰匙。

我為昨天傍晚失手的那條大鬼頭刀哀悼不已。我試著說服自己，我之所以沮喪，只是由於我迫切需要牠的肉，但老實說，我的失落感不光是出於實際的飢餓。試圖捕魚而徒勞無功，對我來說也不是什麼新鮮事，我並不那麼在乎。

這件事讓我在情感上深受打擊。因為，這些鬼頭刀對我的意義已遠遠不只是食物，甚至不只是寵物。我視牠們與我平等，在許多方面甚至比我優越。牠們的肉維持了我的生命，牠們的心靈與我為伴，牠們的攻擊和對捕獵的抵抗，讓牠們成為可敬的對手，也讓牠們成為朋友。我感激牠們的肉和陪伴，也畏懼牠們的力量。我不知道自己對牠們的深深敬意，是否源於我的印第安祖先對一切自然力量的崇敬。

說也奇怪，捕殺動物有時候能夠激發對動物的高度崇敬。我可以辯稱，殺害鬼頭刀以拯救我自己的生命是正當的，但是就連做這種辯解都越來越難。昨晚的殺戮，對任一方都沒有好處，我剝奪了那條魚的生命，也失去了那條魚的心靈陪伴。我覺得自己罪孽深重，覺得這是個惡兆——浪費，我多麼憎惡浪費。

儘管如此，我明白如果想要活下去，就必須繼續捕魚。這個早晨，我就得準備好再度殺戮。

魚槍鋁製槍管的尖端，有一個大塑膠圈。原本箭應該穿過這個塑膠圈射出去，但現在箭是穿過這個塑膠圈後，被緊緊綁在槍管上。這個配件看來也用不了多久了，塑膠圈一旦裂開，細長的銀箭就可能被扭斷或扯掉。萬一失去了箭，我就沒有可以用來捕魚的東西了。

於是我用繩子多綁了幾道，把箭桿跟那個塑膠圈纏得更緊一點，再把塑膠圈牢繫在槍管上。看起來好像牢固多了，但我知道，這層層的綑綁其實很脆弱，不確定這把魚槍還能再捕幾條鬼頭刀。

鬼頭刀展開了晨間的列隊遊行，一個魚頭就在我的箭尖下出現。我往下一戳，箭身整個穿過魚身，那條魚立刻成了一頭猛翻筋斗的怪獸，差點把魚槍從我手中掃落。我抓緊魚槍。

糟了！塑膠圈裂開了，所有繩子散了開來，在空中糾結成一團。箭的金屬末端啪一聲折斷，箭身脫離了槍管。

我撲向前想抓住，可是它飛了出去，水花四濺，一個恐怖的響聲傳入我耳中，就像有人扯開一條卡住的巨大拉鍊。那條鬼頭刀，把鋒利的箭尖刺進了救生筏下層的橡皮胎，空氣外洩，在水中噴出了惡毒的氣泡。

那條魚掙脫了，但所幸我還能把魚槍和箭握在手中。我把它們放進筏裡，抓住橡皮胎裂開的地方。天哪！裂開的洞大約有四吋長。我試著把裂口的橡皮收攏起來，可是鴨鴨繼續下沉。巨大的氣泡從裂口噴湧而出，接著越來越小，冒出來的速度也變慢了。終於，下面那個橡皮胎癟下來，靜靜地躺著。

≈打氣，洩氣，打氣，洩氣

完了。橡皮鴨平靜下來，現在只靠上面的橡皮胎支撐，距離吃水線大約只有三吋，海浪從筏緣潑了進來。救生筏下方的水壓，把橡皮底往上推，那股壓力把下面的橡皮胎從我手中扯掉，不斷往下拉到水面下。我奮力在這片橡皮流沙中移動，設法找到我的裝備——它們已經泡在水裡了。

如果修理不好這個裂口，我就撐不了多久。我將無法保持乾燥，鹹水造成的瘡會爛進皮膚裡。我的雙腿將會隨著橡皮陷進海裡，如果有鯊魚經過，牠們是不會放過這雙腿的——那些鬼頭刀，都已經隔著橡皮來撞擊並啃咬我的腳了。

我也將無法睡覺。雙腿深陷在筏底的橡皮中，就算鬼頭刀來，也會遠在射程之外。就算我能捕到魚，也無法把魚肉曬乾，魚肉很快就會腐臭不能吃。鴨鴨晃動得比任何時候都更加厲害，而這會增加對蒸餾器的摩擦。

我必須做點什麼，而且要快，趁著天候尚佳。

修理工具箱裡的錐形塞子太小了，不足以堵住裂口。搞不好，從獨行號搶救出來的那塊封閉式泡棉，現在能派上用場。它是由無數個小泡泡構成的塑膠片，既不吸水，也不透氣。幸好它不是開放式的——開放式的雖然同樣由類似的泡泡構成，但氣泡之間是相通的。

我無心理會鬼頭刀的撞擊，專注找出我的工具，盡我最快的速度趕工。

我割下一條泡棉，還有幾段細繩，倚在救生筏前端，讓筏上的裝備跟我本身的重量相抗衡，然後把下層橡皮胎盡量往上拉。我看不到裂口，但摸得到，於是把泡棉塞了進去，抓住裂口上下方的橡皮，用細繩收束起來再緊緊綁住。繩子抓不住裂口的外緣，所以我又添了條繩子，設法綁在頭一條繩子的內側。纏捲的繩子把裂口收攏成一道縐摺，圍住裂口的邊緣。這塊補丁就像比目魚的嘴巴一樣凸出來，露出一小塊泡棉，看起來像個伸出來的舌頭。

該試用一下了。充氣幫浦哀哀嗚咽，橡皮胎開始膨脹，讓救生筏的底部稍微繃緊了一點。當橡皮鴨開始脹起來，水中咕嚕咕嚕的聲音冒出了水面，那個裂口聳立起來，嘶嘶作響，像條海蛇。不到十五分鐘，橡皮胎又癟掉了，我的身體又陷入那片橡皮流沙裡。

我靠回邊上。橡皮的皺紋從裂口處擴散開來，如同樹根從樹幹向外伸展，空氣就從無數個皺紋中逸出。我試著用睡袋的棉絮充當堵塞材料，但是就算壓得很緊，空氣還是會從中間流瀉而出。我心想，如果把那幾塊黏糊狀的舊海綿，裹上幾條泡棉，也許會有效。

花了五個小時，我試圖填滿裂口填充物的空隙。每次我一替橡皮胎充氣，就有一連串的氣泡冒上水面。我塞進更多填塞材料，氣泡卻變得更多更大。要讓那個橡皮胎勉強維持在充氣狀態，需要每半個小時打氣五十下，要維持「橡皮鴨三世」的生命，每天得要打氣三千下。這是超過兩小時的累人運動，大約兩倍於我的體能。如果風浪又大起來，而那塊補丁居然還撐得住，我大概得再投入雙倍的力氣。我實在辦不到。

我們大約離岸六百海里，就算狀況好，也還得三十四天才能登上陸地。然而，此刻沒了氣的下層橡皮胎就像一具海錨，減緩了鴨鴨漂流的速度。我啣著繩子和刀子，在炎熱的天氣裡賣力工作，嘴裡有股鹹味。我口渴的程度，到達了令人絕望的新高，肌肉也已經疲憊不堪。

≈離開地獄的座位，只為了被扔進火坑裡

我絕對再撐不了三十四天。

躺回去，我感覺到橡皮胎又開始洩氣。我試著休息，試著保持冷靜。也許在巴西跟美國南方海岸間有一條航線——但還是太遠了，大約在三百海里之外。我覺得自己離開了地獄的座位，只是為

了被扔進火坑裡。

我想到許多可能發揮效果的修理材料——針、細繩和強力膠，一個巨大的老虎鉗，或是一個能被塞進去吹漲的氣球——可是這些材料只有在西邊四百海里以外的地方才找得到。我能想到的唯一辦法，就是拿塞子塞住那個裂口，然後用繩子綁緊。我多麼希望能有人助我一臂之力，帶來鼓舞人心的建議和希望，還有技巧、創意和慈悲。

一團雲朝著北方飄去，我必須趕在天氣變化之前完工。一彎月牙掛在漆黑的天邊，像一隻作夢的眼睛，只微微睜開，注視著沉睡的大海。

我把手電筒緊緊綁在頭上，像個克難的礦工頭盔。所有的裝備都固定在迎風側，以免翻倒在我身上。事先裁好的一截截細繩，從晾魚繩上垂下來，伸手可及。我把鼻子探向水面，勉強能看見受損的部位。

我不太想探身到黑暗的水裡，於是伸出手慢慢把塞子鬆開，移除那一團有如老鼠窩的繩子和填塞物。手電筒的光束照在平靜的水面上，照到了幾碼之下的小魚。從多深的地方能看見這道光？它會引魚上門嗎？

我把塞子再塞回去，突然，光束被一道巨大的灰影給遮蔽了，那灰影從我手邊游過去，距離我的手只有幾吋。

我趕緊把雙手從水裡猛抽回來。那條鯊魚大約有十呎長，大小普通，牠懶洋洋地繞著救生筏轉，冒出水面一會兒，然後又再潛入水中。我幾次用魚叉朝牠擲去，但就有如用一根牙籤來推動一座山。牠慵懶地把尾巴甩向東再甩向西，彷彿根本沒感覺到魚叉的尖刺。

有好一會兒，牠不見蹤影。此刻月亮的眼睛醒過來，位置更高了，也更亮了。我再度彎身工作，用力把塞子深深塞進裂口中，小心地用繩子把它圈住，繞一圈，用力收緊，再繞一圈。

突然，我的手碰到了……**尖銳的牙齒！**我的手從水裡縮回來，腎上腺素從我顫抖的皮膚上滲出來。我把手電筒再照過去，一條砲彈魚繞著補丁打轉，然後消失了。我的手錶！想必是那些發亮的指針和數字，讓那條砲彈魚以為是什麼可吃的東西。我把錶摘下，再度把手伸進海中。

為了在塞子周圍拉出足夠的橡皮，綁成一個夠大的縐摺，讓繩子能蓋住裂口的外緣，下層橡皮胎必須先把氣洩光。塞子若要發揮效用，會使救生筏的外圍周長至少縮短四吋。開始充氣以後，當裂口後方的「臉頰」鼓起，就會設法把救生筏撐回原本的形狀，而把裂口撐平，因此綁住的裂口必須要能承受得住每平方吋兩磅半的壓力才行。

我把前臂當成槓桿，把上層橡皮胎當成支點，用力把所綁的繩子收緊，緊到繩子割傷了我的手，而上層橡皮胎的粗糙橡皮，摩擦著我充當槓桿的前臂，在皮膚上磨出一個大洞。

還是不管用，補丁漏氣的速度幾乎就跟我充氣的速度一樣快。

筋疲力盡的我，不覺睡著了，在這艘癟癟的小船裡，翻來翻去。

≈這等苦難，可不是我自作自受嗎？

三月二十日，第四十四天。

我在黎明時分醒來，準備再試一次。

不出所料，當下層橡皮胎充了氣，裂口的上下唇就會被拉平，足以讓一角從所綁的繩子下滑出來，氣泡就從這裡嘶嘶冒出來，像在竊笑一樣。我把泡棉的碎片和一球球黏黏的海綿塞進那個縫隙裡，跟塞住裂口的主要塞子綁在一起。

就在這時，一個灰色龐然大物滑到我的下方，魚鰭上有白尖。這隻可惡的水中禿鷹，還在我附近晃，伺機而動，轉著圈，等待著機會。

我把魚叉重新綁好，小心翼翼地綁緊，讓我既不能把箭拉出來，也不能把繩圈鬆開，是個很硬的繩結。

沒多久，我終於逮到了一個能出手的空檔，朝那條鯊魚刺了下去。可惜，牠一轉身，向下俯衝，溜到了射程之外。老實說，就算我刺中了，牠也根本不在乎那微不足道的一刺。

我繼續忙我的。

用一圈泡棉圍住主要跟次要的塞子，然後開始充氣。氣泡從那張無牙嘴的每道皺紋裡冒出來，每半小時必須充氣六十下，否則我的腿就會像香腸一樣陷下去，供那些魚免費品嘗。

這隻可惡的水中禿鷹還在周圍到處晃，伺機而動，轉著圈，等待著。

我漸漸發火了，等著那個可惡的傢伙接近。恨意扭曲了我的臉，我盡可能站直身子，以全身的重量把魚叉用力戳下去，正中牠身側那條側線。那條線可是非常敏感的，能夠在四分之一海里外，接收到一條魚受傷掙扎時的振動。一眨眼間，牠消失了，倏然穿過海水深處，宛如《星際大戰》裡的「千年鷹號」一樣躍入了超空間。

我綁了一條繩子，從登筏梯的固定環繞過那個補丁之後接到扶繩上。藉由拉緊這條繩子，我可以對那個補丁，施加足夠的外部壓力，讓漏氣的速度明顯減緩。我還加綁了幾條緊急用的止血帶，到最後，鴨鴨只需要每兩小時充氣四十下，儘管如此，我仍然聽見那條憤怒的海蛇不停嘶嘶吐氣，尋找可能的逃脫路線。

這些工作，消耗掉我手臂上瘦痛的肌肉組織——真是自作自受啊。

≈假如我是魚，只需游泳、繁殖、死亡

我還得讓那具蒸餾器再開始運作，並且設法恢復體力才行。

乾魚肉已經一條不剩了。正好，那些鬼頭刀前來造訪，我做好了出擊的準備。我重複檢查綁在魚槍上的繩圈，擺好射擊姿勢。其實我能做的，也就只是擺好姿勢，根本別想捕到魚。笨拙、失準、焦慮的戳刺，只激起了水花，嚇跑了牠們。

終於有一條游進我的射程之內，我哼了一聲，用力一戳，擊中那條雌魚的背部，但是沒有穿透。牠以驚人的速度在箭的末端盤旋而下，我還沒來得及用兩隻手抓住我的武器，轉眼牠就掙脫了。

我看著鈍掉的箭頭，愣住了，在不到兩秒鐘之內，那魚俐落地旋開了箭尖，帶著它一起走了。這些鬼頭刀一直伺機而動，想要考驗我。牠們毀了我的救生筏，解除了我的武裝，這會兒還在嘲弄我。

假如我是來自海中的生物就好了，魚類才不會讓自己捲入需要運用智力和工具來解決的麻煩，牠們就只需要游泳、繁殖、死亡。這個世界如此精細複雜的完美令我敬畏，但是我太疲憊，無心欣賞。相反的，我倒下了，萬分沮喪——我連把手臂抬起來都有困難。

但我非抬起不可。此刻該做的事，比任何時候都多。

我在裝備袋裡東翻西找，想找到任何可以用來做一個新箭頭的東西。我在其中一個袋子裡，找到了一個不鏽鋼製的童軍工具盒，裡頭有一把刀、一把叉子和一根湯匙放在一起。這是另一樣多年來不曾被我善待的物品，因為不太用得到，所以被我扔進緊急用品袋裡。

我可以用那把叉子或那把刀，試著做成箭頭。叉子最為堅固，也許可以用來刺穿砲彈魚。

我決定先用那把刀試試看，仍舊用鱈繩來綁，盡可能把刀柄緊緊纏在箭桿上。刀子上面有兩個洞，我從後面那個洞穿了一條繩子，連到後面綁住箭身的繩子，再往後連到魚槍的把手上。這樣一來，就算這把刀從箭頭被扯掉了，我也不至於失去它。

不過，薄薄的刀刃突出於箭桿之外幾吋，感覺上很不穩，而且很容易就會弄彎。我猜想，這刀恐怕捉不到鬼頭刀，於是決定拿來在砲彈魚身上試試，儘管砲彈魚粗糙的魚皮還是可能把刀尖折彎。反正，此刻牠們也不肯靠近我，彷彿知道我又重新武裝了起來。

也許該再試試魚鉤和釣繩，鵝頸藤壺很適合做釣餌，而牠們的數量很多。我拉起垂在筏尾跟救生桿相連的那條繩子，刮下幾個肥美的藤壺，把其中一個掛在鱒魚大小的釣鉤上，再把釣鉤垂在筏尾。

居然花不到一小時，我就釣到了一條魚，真是太棒了！也許我能靠著砲彈魚活下去。於是我捲動著釣繩，把釣到的魚拉回來。但就在這時，牠卻突然脹成一個氣球，揮動著幾百根尖刺。刺魨有毒大家都知道，而那些尖刺對可憐的橡皮鴨更是一大威脅。我趕緊把牠從釣鉤上甩掉，再試一次。沒想到，上鉤的竟然還是那條刺魨，真是的，居然沒有別的魚對我的魚餌感興趣，氣死人。

奇特的生物開始出現。從救生筏底下的水裡傳來刺耳的吱吱叫聲，鞍背海豚現身，跟我保持著距離。

這種海豚，身上有著深淺不同的條紋，就像馬鐙和馬鞍似的，也因此而得名。牠們翻著筋斗越過彼此身上，游開了，微笑的臉孔留下一絲笑意。另外有一條比較瘦長的魚，一溜煙地從旁游過，顏色不像鬼頭刀那麼多彩，但速度太快，離我也太遠，我無法辨認出那是什麼魚。

一團團的馬尾藻也出現得更為頻繁了，看得出長得有點老，跟較東邊海面上的海草不同。這些海草，有足夠的時間發展出自己的生態系統，鮮明的魚卵在草莖間閃閃發光，其中許多已經死亡，宛如灰白鬍子上的露珠。當我摘下那些魚卵，幾隻螃蟹匆匆跑開，牠們大約有半吋寬，背上有白色的花紋，其中一隻穿過海草，掉進海浪裡，像隻水蟲一樣游開了。另幾隻被我抓住，像巧克力豆一樣扔進嘴裡。吃了那麼久的魚肉，換換口味吃一小口蟹肉也不錯。

橡皮鴨漂在一球球透明的浮游植物上，那植物的寬度大約是八分之一到四分之一吋。在這趟航行之初我就曾偶爾看見它們，但是隨著我們漂向西方，它們堆積成厚厚的一團，而且有許多始終在我視線之內。假如當初我在裝備袋裡塞了幾雙尼龍絲襪，就能拿來做浮游生物網，夜裡還可以掛在筏尾，等待閃著燐光的大型浮游動物浮到海面上。但是，少了能有效採集這些生物的工具，我能從海草和海浪中採集到的實在太少，無法讓我以此維生。

於是我躺回去，瞪視著天空，我跟乾燥陸地上的人看著同一片天——這是我們唯一共享的東西。一隻雪白的鳥，正狂亂地揮動翅膀，嘎嘎叫著，兩條長長的羽毛從牠的尾巴伸出來，眼睛上罩著張有如獨行俠的黑色面具。我常看見熱帶鳥類盤旋幾個小時，想要在一根顛簸的桅杆上棲息。我真希望這一隻，會笨到停在「橡皮鴨三世」上。可惜，過了一會兒，那隻鳥滿不在乎地鼓動翅膀，大致朝著北方飛走了。

≈鯊魚？像趕蚊子一樣，趕走就是了……

大自然中的生物和海草的每種變化，都是個徵兆，每個變化都宣告著洋流的改變和朝向西方的進展。難道，我比自己預估的更接近大陸棚嗎？

不，笨蛋，這只是你一廂情願的想法！我繼續努力讓橡皮鴨維持充氣狀態，我的呻吟和打氣幫浦的呻吟相互應和。我會盡可能撐下去，然後我會最後一次打開ERIRB，暗暗祈禱自己已位於西邊航線的範圍之內，也希望無線電的電池精力比我旺盛。

羅伯森的書裡，附有幾張有用的航海圖。其中一張標示出候鳥飛行的路線，另一張標明可預期的降雨——我所在的這個海域降雨不多；還有一張標示出主要的船隻航線。

我的大張海圖上也標出了這些航線，還標出洋流、風和其他細節。我把羅伯森書裡有張圖上的大陸棚輪廓，描到我的海圖上，雖然這些小張海圖的比例不見得很精確。不過，當中沒有任何海圖標出從南美到北美的航線，但是我推斷，在加勒比海一定會有為數甚多的小型船隻，在各島嶼之間往返，而且應該會有船隻來往於巴西和加勒比海群島之間，以及巴西與北邊幾個定點之間。

我畫出我所推測的航線，以及航空公司可能的飛行模式，以推斷該在什麼時候打開ERIRB。我不斷計算我的航行路線中的可能誤差，包括對我有利及有害的錯誤，在海圖上寫下我跟那些航線、大陸棚和島嶼之間的距離——最多還要幾天，最少還要幾天。

然而，就算是最佳情況的估計，看起來也不太妙。而每過一天，都會讓最多天數和最少天數之間的差距越拉越大，這讓我心中一邊興起難以置信的希望，一邊卻有難以置信的沮喪。以我目前每天八海里的速度，不可能很快抵達任何航線。

入夜之前，我逮到了一條打瞌睡的砲彈魚，在捕魚過程中，我把那支奶油刀的刀尖弄彎了。我花了將近一小時來處理這條小犀牛，一點也不浪費，魚眼睛旁邊、魚嘴巴邊上的一點點肉，從眼窩刮下富含脂肪的液體，甚至把魚舌從尾端割下，假裝那是咯咯響的荸薺。這條魚身上大部分的肉，是白色的生皮，不過從呈扇狀散開的魚鰭骨頭之間，可以刮下一點紅色的肉末。我留下幾根骨頭，萬一需要鑽子時可以派上用場。

夜裡我睡得很沉，打擾我睡眠的，只有偶爾的痙攣和一隻從橡皮鴨尾端掃過的鯊魚。我見怪不怪，把牠趕走就是了。

≈眼睜睜，看著自己的身體腐爛

三月二十二日，第四十六天。

紐約海岸巡邏隊取消了獨行號逾期未抵的廣播，轉而通知倫敦的勞氏驗船協會、加那利群島當局，以及邁阿密與波多黎各的海岸巡邏站「暫停積極搜尋」。他們一直等到四月一日，才通知我家人這件事。

我仍然盡可能經常瞭望，每天花幾個小時搜尋空蕩蕩的地平線，仔細研究每一縷雲，尋找飛機機尾留下的痕跡，豎耳傾聽遠處是否有螺旋槳的嗡嗡聲。我知道自己離岸太遠，要找到我很難，而且我也已經逾期太久，很難讓人相信我還活著。依照官方的說法，我想必是「無跡可尋的失蹤了」。儘管如此，我還是繼續守望。

昨天漏氣的狀況，今天更嚴重了。我嘗試增加外部壓力，把另一條繩子繞過補丁固定住，可是這條繩子把塞子稍微往旁邊拉了一點，使得那條海蛇噴出泡沫，像條銀色的舌頭。我花了好幾個小時加以調整，才把那條海蛇又關了回去，可是，那股邪惡的嘶嘶聲還是不斷傳出。

這些天來，救生筏裡常常有水。我的雙腿把橡皮底壓進海裡，直到大腿半陷下去，在海水的壓力下，橡皮把我的腿包圍，我覺得自己彷彿穿了一雙長到臀部的進水靴子。如果我想要移動，必須一次抬起一條腿，努力把那條腿抬離下陷的救生筏底部，再把腿在距離目的地比較近的地方放下去，整個過程只靠一條腿來保持平衡。萬一失去平衡，我就會跌回那個會抓人的黑色變形蟲裡，要拚命掙扎才不至於被整個吞沒。當然，在救生筏中央的情形最糟，所以我設法留在救生筏的邊緣。儘管如此，在我腿上及背上還是冒出了幾百個瘡，黏答答的橡皮扯掉了瘡痂，有些鹹水瘡緊緊嵌在我胯下，另外一些點綴在我胸前。我眼睜睜地看著自己的身體腐爛。

我放下疼痛，試著捕魚。頭暈目眩之中，我看見自己成功地把兩條砲彈魚弄上救生筏。我也擊中了兩條鬼頭刀，可是每一次都只是折彎了如今用來充當箭頭的單薄小刀。就算我擊中鬼頭刀的力道夠大，能刺進肉裡，牠們還是很容易一扭身就逃走。刀鋒一再被東彎西折，我猜想，它應該隨時會被折斷。

我在袋子裡找到那把皮革刀，一個半月以前，我就是用這把刀割斷連結橡皮鴨與獨行號甲板的繩索。

我把木製的刀把折斷，拆下堅硬的不鏽鋼刀鋒，在我的磨刀石上磨利。我把那支奶油刀綁在箭桿的一側，把皮革刀的刀鋒綁在另一側，兩把刀的刀尖並排對齊，形成一個V字形的箭頭。

接著，我把繩子穿過刀把上的洞，把兩把刀綁緊在箭桿上，同時也把兩把刀綁在一起。這一來，如果我的力道夠大，魚叉會刺中鬼頭刀，在牠身上留下一道裂開的坑洞，像一顆隕石一樣。

為了增加刀尖的附著力，我把奶油刀的刀把折彎，扣在箭桿上，當成一根倒鉤。這兩片刀鋒是我僅存能夠拿來當作箭頭的金屬，失去它們可能會讓我送命。一條從奶油刀連接到魚槍槍把的繩子，是我的生命保險，我也把魚槍用收緊繩綁在救生筏上，放在防水裙上隨手可及之處，就在救生筏門檻上方。我替箭頭做了個鞘，就算大西洋伸手撿起這把魚槍朝我們丟過來，鴨鴨橡皮胎也仍能保持安全。

我還來不及測試新箭頭，下層橡皮胎的塞子已經開始顫動，漏出的小水柱也不斷噴向船頭。於是我只好又在那團塞子和襯墊外，加綁了一條止血帶，把它扭緊。緊接著，只見胖大的氣泡如火山爆發般噴出——橡皮胎又裂開了。

不僅如此。蒸餾器漏掉的氣也越來越多，先前補過的地方已漸漸鬆開。我正忙著綁緊救生筏上的補丁，沒法停下來去吹飽蒸餾器的氣球，只能眼睜睜看著它癟了下來。然後，蒸餾液被海水污染

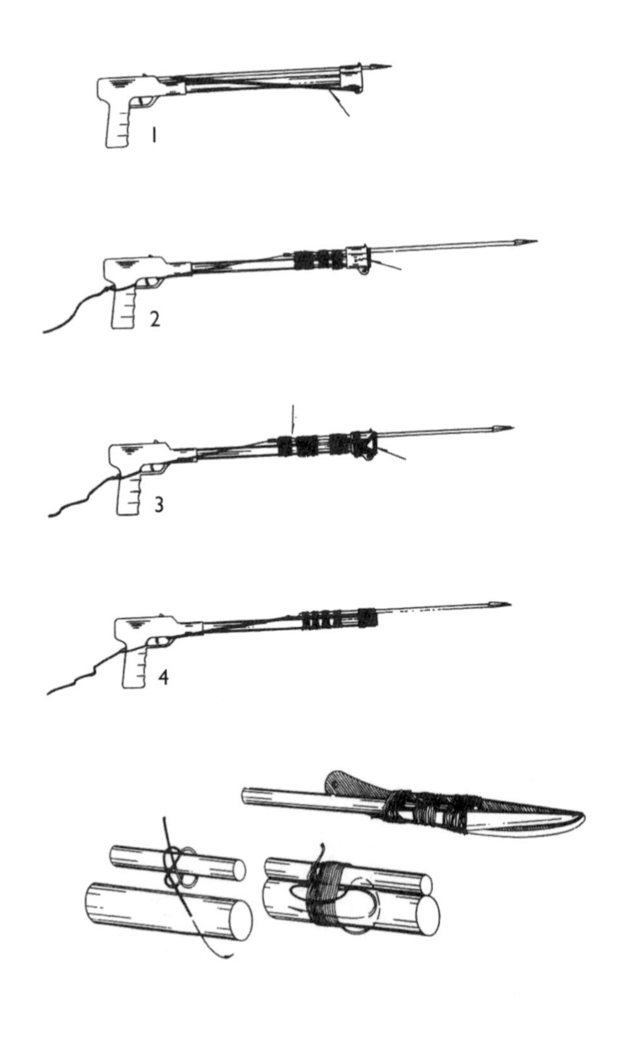
1
2
3
4

魚槍的演化

側面圖：

圖 1，箭頭所指之處是那條有彈性的皮帶，能把魚槍的箭發射出去，這是在那條皮帶掉了之前。

圖 2，我把箭拉出來，加大這件武器的射程，然後把箭身緊緊綁在槍管上。一條繩子從箭尾的凹痕連接到扳機口，確保箭不會被扯掉。魚槍的箭則會穿過槍管前端的那個塑膠環。和鬼頭刀的搏鬥，對箭和槍都是很大的側面負荷，就魚槍來說，這不是負荷力道的正常方向。側面負荷會很快在塑膠圈上造成一道裂痕，就在圖中的箭頭所指之處。

圖 3，我企圖減輕這種側面拉力，把箭再往槍把方向縮回來一點。我也在那個塑膠圈上另外用繩子繞了幾圈強化。然而，下一條鬼頭刀的力道使得塑膠圈裂開，造成箭扭向側面，並在圖中箭頭所指之處斷裂。接著，那條魚又把箭從後端及中間所纏的繩圈中拉了出來，只留下一道繩圈把箭留在槍管上。鬼頭刀把箭扯來扯去，讓箭刺進了救生筏下層的橡皮胎。

圖 4，我把箭直接綁在槍管上，把繩子從纏在最前端的繩圈，繞回來綁在扳機口上，讓繩圈無法從槍管的末端被扯掉。

臨時製作一個新箭頭

前一條鬼頭刀扯掉了我魚槍的倒鉤箭頭，帶著那個箭頭溜掉了。後來我在槍管的一側放上一把不鏽鋼的奶油刀，而另一把則是皮革刀的刀刃。兩把刀的把手末端都有洞，我把它們緊緊綁在一起，然後再用一圈圈繩子牢牢纏住。我把奶油刀的把手弄彎，充當一個倒鉤，另外加上一條繩子，穿過刀把上的洞，把這條繩子連到後面。就算兩把刀子都從槍身末端被扯掉，它們還是會連結在救生筏上。為了增加穿透力，並讓兩個刀刃能彼此支撐抵抗很大的側面負荷，我把刀刃折彎，讓兩個刀鋒互相碰觸，形成一個大 V 字形的刀刃。最前端的繩圈延伸到槍管前方，以幫助兩個刀鋒能被拉到一塊兒。

最下面的草圖，畫出綁這種繩圈的步驟，對航海者來說這種繩圈十分有用。

左圖：綁一個雙套結繞過一個棍狀物。如果你綁一個雙套結繞過兩根棍子，繩結會順著你纏繞繩圈的方向，繞著這兩根棍子扭轉，而繩圈很快就會鬆開。

右圖：繩子整齊地緊緊纏繞，把繩子的尾端穿過兩根棍子之間，然後把繩子穿過棍子間的那道小小縫隙，與先前纏繞的繩圈成直角。這些垂直纏繞的繩子會把先前所纏繞的繩圈拉得很緊，也能使繩圈不至於滑動，因此只要纏個三、四道就夠了。最後，再打一個雙套結收尾——你先從哪一根棍子開始打結，最好就在另一根棍子的另一側上收尾。圖中的雙套結只在棍子上繞了兩圈，如果多繞幾圈就能打出一個多重雙套結。通常我比較喜歡繞四圈，基本上是在一個雙套結旁邊再打一個雙套結。這樣一來，要是有一圈漸漸鬆掉了，最重要的雙套結還能保持牢固。

了，只是我還不知道被污染的程度究竟有多嚴重。我判斷，這水**應該還沒**鹹到不能喝，但這也可能是因為我體內的鹽分漸漸增加，因此嘗出鹽分的能力也隨之下降。現在對我來說，海水嘗起來越來越像淡水，這事令我害怕。

補丁是在黃昏時分裂開的，害得我一整夜都醒著，在下層橡皮胎沒氣的情況下，盡量蜷著身子靠在鴨鴨外緣，以免救生筏的橡皮底陷得太深。又濕又冷的我，覺得自己彷彿躺在一張滿是水的吊床上，而且這床還向一側傾斜。

≈相互牴觸的「需求」與「必要」

這時，一大塊粗糙的重物貼著我擦身而過，又是一條鯊魚。我抓起魚叉，努力想投擲。但是那吱吱叫的橡皮底，卻把我的雙腿吸了進去，扭動著，幾乎快把我的皮膚扯下。我看不見那條鯊魚了，只能半坐在有氣的上層橡皮胎上，頭頂著頂篷，試著把我那雙像誘餌的腿從海中抬起來。我渾身發抖，等待著黎明。

我在大腦——此刻就像座布滿塵埃的閣樓——每個角落裡搜尋，尋找能夠找到一勞永逸，補好那個漏氣橡皮胎的辦法。我用來綁住裂口的細繩太容易滑動，終究會從裂口皺起來的雙唇滑出去。如果我改用比較粗的繩子，也許就能改善。我可以只抓住裂口雙唇的尖端，把繩子繞上去，讓一圈圈繩子平整排列，成螺旋狀往下，像纏在一面鼓上面的金屬線一樣地把裂口的雙唇漸漸收攏起來，直到整個裂口被包覆住。

破曉時分，我決定用海錨那條四分之一吋粗的繩子試試看。感謝老天，成功了！

但三個小時後，整個補丁又再度裂開。

我把裂口重新綁好，在粗繩所繞的繩圈內面，再加上幾條細繩綁的止血帶，並且更換增加外部壓力的那條繩子。我替橡皮胎充氣，等到其硬度足以維持橡皮胎的形狀就停手。

有個東西，正一下又一下地打在筏底的橡皮上。

我趴在鴨鴨頂篷的頂端，把頂篷壓下去，往筏尾仔細看去。結果，我摸到一個生鏽的空氣瓶——一開始讓救生筏充起氣的，就是這個空氣瓶——從袋子裡掉了出來。它不僅時常引誘鯊魚前來，而且粗糙的金屬表面可能很快就會在我的救生筏上磨出另一個洞。

風大起來了，鴨鴨像個幫浦膜片一樣起起伏伏，海浪潑在我身上。我扯動那條把空氣瓶和鴨鴨的下層橡皮胎連結在一起的繩子，空氣瓶很重，拒絕被放回原處——我猜想裡面裝滿了水。繩子被拉扯得從置放空氣瓶的容器中穿過，所以長度不夠用，無法讓我把空氣瓶提起來拉出水面。這下好了，既放不回去，也拿不出來，而我肯定不能讓它維持現狀。可惡！

我摸到了那個原本置放空氣瓶的容器，開始用那把帶鞘短刀去砍，小心翼翼地不要讓刀掉了，也不要不小心插進橡皮胎裡。兩陣刺痛順著我的手臂傳上來，但無所謂，就算我割到了自己也沒關係。

終於完工了，我成功地把那個空氣瓶拉上來，綁在上層橡皮胎上。

我的胳臂有如鉛般沉重，全身痠痛，腦袋彷彿塞滿了東西。過去這幾天以來，我只睡了幾個鐘頭，而且我一直坐在鹹水裡。瘡裂開了，潰瘍變得更嚴重，補橡皮胎時在左前臂上磨出的傷口也變大了，開始腐爛發臭。

我拚命想要滿足食物、飲水、睡眠的需求，以及那些互相牴觸的必要——捕魚、航行、照料蒸餾器、瞭望等，一直到睡著。

我又抓到了一隻砲彈魚，然後吞下這隻帶酸味的動物，當牠是隻烤鴨。然而，必須一再替救生筏充氣，也剝奪了我夜裡的睡眠。

≈這場比賽，沒有第二名

善與惡、美麗與陰森之間的界線已然模糊，生活只是昏昏沉沉的一刻接一刻，在疲憊與疼痛中陷得越來越深。求生的動作已經成了慣性行為，我不必思考就能去做。下雨了，我跳起來收集到大約六盎司的雨水，看著涓涓細流從頂篷的開口處流下來，乾淨的雨水立刻變成黃黃的膽汁，令人作嘔。

幸運的是，自從下層橡皮胎受損以來，天氣一直很平靜，這讓我有時間想出如何做一塊補丁並且加以改善。萬一在下層橡皮胎沒氣時有暴風來襲，我很可能會淹死，而且所有裝備幾乎肯定會被沖走。

但凡事有一好就有一壞，在這段風平浪靜的期間，前進速度慢得要命。最近漸漸有了微風，目前的風速大約是每小時二十海里，風浪有點大，但不至於太強。我很高興又起風了，至少我們又開始前進。

有一個多禮拜的時間，我太過虛弱，沒法做瑜珈。

在救生筏被刺破之前，我以為我的身體達到了一種挨餓但穩定的狀態，可是現在我的身體變得更差，也更瘦了。這我可以承受，有人承受過更糟的情況。於是我告訴自己：你正處於旅途的最後一程，不要鬆懈，繼續加速；你必須要向前行，就算在自己身上磨出更多洞來，你也得要繼續前進；在這場比賽中沒有第二名，只有勝利或失敗，而且輸贏關乎的可不是彩帶或獎盃。你必須堅持下去，必須要堅強。

海浪會把補丁打掉嗎？來，先別驚慌，**不要驚慌！**

我迷迷糊糊地睡著了，夢見所有的家人和朋友，還有那些我所愛的人，大家聚在一起野餐。他們坐在一堵石牆上，我想替他們拍張照片，卻沒法把他們全都塞進鏡頭裡。「你得要往後退，」他們對我喊：「後退，後退，再往後，繼續後退。」我向後退了又退，把那群人收進鏡頭裡。幾千個小點在大喊：「後退，再後退一點！」他們縮得更小了，而還有更多人湧進我的視線，直到所有的人都變成一片模糊，不見了。

救生筏癟癟的橡皮底，晃動得不可思議，感覺上像是在坐旋轉木馬，我無法想像在這種情況下再度進行修理。那個補丁吐出氣泡，但是還撐著。

為了在魚叉萬一又出意外時保護救生筏前端不被刺破，也為了避免好奇的魚兒來啃那塊補丁，我用一塊帆布做成一個圍兜，從救生筏入口往前端垂下，任它拖在救生筏下方。「橡皮鴨三世」現在成了一個有張大嘴的海中生物，吐出一條耷拉垂下的憔悴舌頭。我在裡頭搖擺，像條虛弱的扁桃腺。我把那條舌頭拉得緊緊的靠在筏上，免得它掀起來，那會減低我被看見的機會，也會縮小我捕魚的射程。

鴨鴨和我，現在願意吞下任何我們碰上的東西。

≈宇宙啊，你可聽見我

溫暖潮濕的信風從東邊吹來，我們越向西行，就越感覺到信風的作用。花椰菜形狀的積雲，開始從肥沃的天空冒出來，小小的陣雨落下，像髒髒的灰色條紋。

我把風箏移開。先前做那個風箏，原本是打算當成求救信號，結果被我用來接住從漏水的眺望口滲進來的海水。我用一個塑膠袋來代替移開的風箏，塑膠袋暫時可以符合需求，但不是十分有效。隨著雨水落下，我把風箏舉高，像個盾牌一樣，用來接住雨水，把風箏的尖端斜插在保鮮盒裡。增加的承接面積，讓我接到了將近一品脫從天而降的甘霖。

好多天以來，肉鋪的砧板上都沒有任何新鮮食物，只剩下幾條曬乾的魚肉條。那些肉條看起來還好，雖然掛在那裡已經一個月了。琥珀色的魚肉條硬如石頭，要含在嘴裡半小時才咬得動。

兩首披頭四的歌開始糾纏著我，在我腦海中迴盪。就像第一首歌的歌詞，我實在很疲憊，而我的大腦肯定故障了。好吧，何不起來去替我自己弄點喝的？喝的……喝的……唉。

彷彿是在呼應我的沮喪，第二首歌響起──救命！是的，我需要某個人，不管是誰都好。沒錯，我肯定用得上某人的──噢，宇宙啊，你可聽見我的話？──救命！當然沒有人來，也沒有飲料；可是那兩首歌，就是唱個不停[10]。

夢到食物的夢，變得越來越真實。有時候我能聞到食物的氣味，有一次我甚至嘗到了一個夢。但那總是不實在，就算在現實中，我在吃了東西以後也還是覺得餓。

我又試著捕捉鬼頭刀。我必須比以前更講究如何出手，那兩把刀太弱，角度不對就無法刺穿魚身，沒法刺進肌肉發達的魚背。我得想辦法，一舉刺進魚的內臟。這些活靶以三十海里以上的時速移動，而我必須射中只有幾平方吋大的靶心，這似乎超出我微薄的能力。不過，這些鬼頭刀慢慢發展出可茲辨認的風格來撞橡皮鴨。有些仍舊猛撞筏底，或是用尾巴拍擊筏緣，有些卻會用背部在我身上摩擦，從我的膝蓋下滑過去，從筏底游出來到我面前，把身體的側面對著我。我跟牠們如此接近，能看清牠們眼睛的細部、小小的疤痕，還有細如針孔的鼻孔。

刀子在陽光中閃閃發亮，鴨鴨的橡皮發出呻吟，彷彿在害怕。我把帆布、睡袋和墊子攤開，盡量保護救生筏，尤其是橡皮胎。

我出手一擊，正中一條鬼頭刀的脊柱下方，在這條雌魚身上刺出一個大洞。我用左手臂握住魚叉，把那條激烈翻滾的魚從海裡提上來，並把箭尖高高舉在半空中。我拚命把牠壓在睡袋上，一刀切斷牠的背，魚卵和魚血噴得到處都是。

到處是血又怎樣？我有食物了！我跛著腿跳了幾下，歡呼道：「食物！食物！」

我的克難魚叉發揮了功能，我可以重新培養體力。鴨鴨前進得很順利，而且她身上的補丁還撐著。手上有了存糧，我至少可以再撐個八天，甚至十五天。我的體力原已耗盡，可是這幾分鐘，讓我得以再次——還是應該說是第八次或第九次？——恢復元氣。一個半月之前，我以為自己的機會只有幾百萬分之一，到了昨天，機會接近十分之一，而現在則是百分之五十。

從我在處理砲彈魚時學到的經驗，我在鬼頭刀頭部發現新的有肉部位。更重要的是，新的液體來源，從油油的流質眼窩，到深入魚鰓凹處的黏液。等到我把頭骨扔掉時，骨頭細縫已被刮得乾乾淨淨。這隻魚胃脹得很大，我把胃割破，小心地把胃液倒進海裡，用刀把胃劃開，發現裡面裝滿了獵物。一條大魚卡在嘴巴後部與腸子前端之間，鬼頭刀能夠吞下這麼大一條魚，實在不可思議，要說是有人把這條魚從鬼頭刀的喉嚨裡硬塞進去，還比較容易相信。

我把那條獵物在海裡洗乾淨，主要就是洗魚皮部位。深色的魚肉微微帶點鹹味，吃起來跟鯖魚的味道很像，於是我想像牠是某種醃製品。真是額外的收穫啊，多賺到一磅魚肉，滿滿兩份內臟，包括魚卵在內。這是一個月來，我第一次覺得有吃飽。

這個好運來得正是時候，我正巴不得能休息一下。我覺得這條魚彷彿是個吉兆，就跟我覺得白白殺死那條大鬼頭刀是個惡兆一樣。上回那個惡兆，結果應驗了，但願這回的吉兆也能應驗，希望從現在開始事情會漸入佳境。

如今我的居住地——鴨鴨村——成了一個和睦的城郊社區。那些魚跟我已經如此熟悉，我可以分別跟每一條魚閒話家常，散播八卦和流言。我認得出鬼頭刀的輕戳、砲彈魚的輕啄和鯊魚的輕刮，一如你聽得出是哪個鄰居來敲你家後門。我通常知道，是哪一條魚在用尾巴拍打救生筏，或是用頭來撞。即使牠們沒來拍打或撞擊，我也能察覺魚群就在附近。我愛這些小朋友和這個關係緊密的村莊。無須煩惱政治、野心或敵意，生活單純，沒有玄虛，不必操心。

儘管如此，在這個村莊裡還是有件事令人費解。當我無法用繩子釣到鬼頭刀，牠們就游到附近，讓我能使用魚槍。自從失去發射用的彈性皮帶、魚槍的射程被縮短後，牠們甚至游得更靠近了。現在我的射程更短，力氣也越來越小，牠們居然側面朝上地游到我的槍尖下。彷彿牠們是想幫助我，彷彿牠們不在乎自己的肉跟我的肉合而為一。

高高的天空中有隻飛鳥，翅膀又薄又長、高高拱起，拖著一條分叉的纖細尾巴。軍艦鳥不會飛離陸地太遠，不會在海上睡覺，也不會自己捕魚，至少我讀過的書上是這麼說的。然而，這隻鳥的形狀——尖尖的翅膀維持固定的姿勢，苗條的身體和尾巴——肯定符合書上的描述。我距離陸地還有六百海里，而這隻鳥看來，正虎視眈眈地盯著鬼頭刀常吃的飛魚。

黑夜來臨，天氣變差。隨著救生筏前端在海浪中浮浮沉沉，我聽見底下那個補丁咕嚕咕嚕冒出氣泡，嘶嘶地漏著氣。我更勤於充氣——現在是每半小時一次。我明白，在這樣沉重的工作量之下，我是撐不了多久的。

白色的浪頭偶爾會衝上頂篷，從開口處打在我頭上，幾夸脫的海水順著我的身體流下。救生筏上下顛簸，我用一隻手抓著扶繩，以防鴨鴨萬一又被擊倒。

反正也不可能睡覺了，就靜靜等待帶來溫暖的太陽吧。這時，頂篷突然啪嗒啪嗒響，就在我頭頂上方。我跳出去，攔截了那條飛魚，趁著牠還沒有機會跳回海裡。

當一道陽光射進橡皮鴨裡，我便動手處理這條美麗的獵物。飛魚的頭部從橫剖面來看，像個倒三角形，一雙大眼睛看向下方和兩側。靠著這對眼睛，在牠們飛越海面時，可以留心掠食的大魚。我從靛青色的平坦魚背和細長的白色魚腹刮掉大片的圓形魚鱗，然後除去半透明的長長魚翅。魚尾分成兩道，成V字形，下面那一道幾乎比上面那一道長兩倍。飛魚能夠飛越一百碼，藉由搖動尾巴上這個小小的舵，牠們還能再多飛幾碼，或是改變方向。飛魚會在夜間盲目飛行，有時候一艘船隻經過，整群飛魚會筆直撞上船身側面，聽起來就像機關槍在掃射。有好幾次，在深夜或清晨，我在疼痛之中被撞醒，原來是一條飛魚撞上我的胸膛或臉部。飛魚柔軟的肉很可口，白色中帶點粉紅。

在第一道曙光中，我瞥見一隻軍艦鳥在我頭上。還說什麼牠們從來不在海上過夜。牠明明坐在那兒，幾乎一動也不動，彷彿是被畫上去的。

暖意遲遲未現，太陽仍舊沒有露臉，黑色的海浪在我四周喧嘩，裂成碎浪。我很想繼續裹在睡袋裡，可是一道海浪撲上救生筏前端，即使浪濤澎湃之中，我還是聽見一陣嘶嘶的漏氣聲。鴨鴨的下層橡皮胎變得軟趴趴的，救生筏的底部橡皮向下陷，我們又一次深陷水中。舀水沒有用，上層橡皮胎距離水面只有幾吋乾舷，海水在我的領土上任意流進流出。

整個泡棉塞子都從裂口中衝了出來，我得把它縫回去，並且再度試著減輕企圖把裂口雙唇拉平的那股壓力。由於兩點之間最短的距離是直線，我決定擠壓救生筏的形狀，讓它從上方看下來像個邊上被咬了一口的甜甜圈。我用一條長繩穿過扶繩的一個固定環，到另一端的固定環，繞過救生筏前端，然後把繩子收緊，直到救生筏在繩子的收縮下翹起，呈現被擠壓的形狀。

接著，我在救生筏裡面從筏前到筏尾拉起一條繩子，再把繩子扯緊，直到救生筏折向中間。這樣一來，救生筏的前端就會被抬高，足以讓我看見那個裂口。我用鑽子在裂口的雙唇和泡棉塞子上鑽出小洞，用鱈繩穿過這些小洞，把塞子綁好。如同我之前多次所做的，我把塞子用繩子一圈圈繫緊，再加上增加外部壓力的繩子和止血帶等等。等鴨鴨再度浮起來，我還是能聽見空氣漏出的高亢哨音，在她的橡皮胎裡迴響。

又是悲慘的一夜。六到十呎高的洶湧波濤向我們襲來，頂篷把酸臭的海水滴在我身上，海水渲的強烈刺痛中，夾雜著全身肌肉的陣陣抽痛。

≈來吧，是時候了……

三月二十七日，第五十一天。

上午九點，補丁又裂開了。我貯存的鬼頭刀肉垂吊下來，貼在救生筏潮濕的底部，變得腐臭。身上幾百個瘡都在化膿，啃噬著我的神經，每個小時都有更多個瘡破掉，流出分泌物。這個星期以來，我每個晚上最多只睡四小時，每天所吃的食物不到兩磅，而且幾乎不停地在工作。我開始感到驚慌。

必須阻止它再裂開！必須把裂口封住！

但我辦不到，手臂累得動彈不得。

少來！非封住不可，別無選擇。快，抬起手臂，抬起來！我試著命令我浸在髒水中的疲憊身軀重新展開行動。我爬向前，把補丁重新綁緊。

但它又裂開。我再把它綁緊。又裂開了！一次又一次，海浪把救生筏甩出去，海水打在我身上，把我扔進那道湧進湧出的急流裡。刺痛的痙攣、陣痛、抽痛、抽筋、鑽心的疼痛。我承受不了，撐不下去了。閉嘴！**再用點力**，得把那些繩子拉得更緊，非試試看不可。天旋地轉，話語在耳

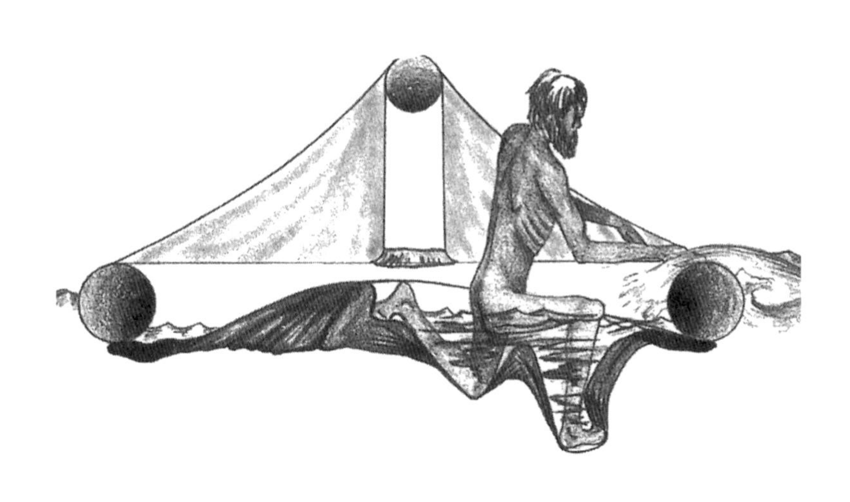

邊迴盪，已然遺忘的回憶。雙手顫抖，皮開肉綻。拉得更用力一點，**再用點力！**呻吟，喘氣。**充氣**。充幾下？不知道，沒法數，也許三百下吧。

上層橡皮胎也要充氣，再充九十下。我的手臂彷彿從肩窩裡被扯斷，我像是活生生被剝了層皮。一道海浪衝了過來，救生筏跳起來，搖搖晃晃。又裂開了。再把它綁緊，**用力一點**。讓它不會再裂開。蒸餾器掛在救生筏前端，奄奄一息。替橡皮胎充氣。要充這麼久，這麼久。兩百八十下。休息。好了，再壓下幫浦。兩百八十二下……它又裂開了！

我頹然倒下，動彈不得，左手臂灼熱作痛，用右臂把左臂拉到胸前。夜晚來臨，好冷，但我沒有發抖。我奄奄一息，像塊濕破布在海面漂流，再也無法移動。麻木。末日到了。

重重呼吸，大口喘氣！是的，我猜我的末日到了。八天以來我試著補好那個裂口。不要再來一次，拜託，不要再來了。

海洋讓我翻來滾去，海水潑在我身上，而我沒有抵抗，幾乎沒有感覺。

我累了，好累好累。天堂，涅槃，解脫……都在哪裡？我看不見，感覺不到，只有一片黑暗。

這是幻？還是真？唉，宗教和哲學的文字遊戲。文字並不真實。還有多少時間？幾個小時？是的。五十一天過去了，還剩下幾個小時。我在人生路上絆了一跤，跌倒了，迷失了。為什麼，為什麼，為什麼？永恆？是的，海洋繼續翻騰，我也繼續翻騰。

不，不是我，而是碳、水、能量和愛，它們會生生不息。宇宙和上帝的皮與骨在收縮，不停地動。我失蹤了，消失得無影無蹤。

一股巨大的能量在我心中拉扯，彷彿我在自己體內崩塌。一個黑暗的深淵越來越大，將我包圍。我害怕，好害怕。我的眼睛盈滿淚水，把我從空洞裡拉出來。我的啜泣裡摻雜著憤怒、憐憫和自憐，攀在黑洞的斜坡上，努力想要爬出去，沒有抓緊，滑得更深。

歇斯底里的哀嚎、慟哭，失去了希望。我拚命想抓住一點什麼，可是什麼也沒有。黑暗漸漸擴大，逐漸逼近。

有多少雙眼睛曾跟我一樣目睹著這一切？我感覺到幾百萬張臉孔全都在我身邊，輕聲低語，朝我擁上來，召喚著：「來吧，是時候了。」

≈7≈

迎著風，死神滾開吧

二度往返地獄，內心也開始叛亂

三月二十八日，第五十二天。

鬼魂從黑暗中伸出手來，把我往下拉。我在墜落。

時候到了。

「不！」我大喊：「我不要！我不想！」我不能放手。眼淚從我臉上簌簌流下，流進沖刷著我身體的海水。我要死了，就快了……

想清楚，你到底想怎樣……

對！沒錯，我想活下去。不管多痛苦，不管多恐怖，不管將來會如何。我全身抽搐，低聲啜泣，「我想要**活下去，活下去，活下去！**」

真的沒辦法呀。

一定要！可惡！張開你的眼睛。眼睛眨著，疲憊而沉重。設法聚焦。

還是不行啊。

別再發牢騷了！去做就是了！手臂，抓牢了。**用**

力！再一次，**用力！**

很好。坐起來一點，目前你還不至於淹沒。呼吸很沉重，但沒事的，穩住，老弟。

頭在搖擺，視線模糊。一道海浪湧進來，冷冷的。

你要保持冷靜，別再哀哀叫！去拿你頭上那個袋子，去！很好，現在休息。你暫時脫離險境了。你沒事，聽見了嗎？

聽見了。

很好。

那又如何？下回，可沒這麼簡單。

閉嘴！你得要想出點辦法來。去讓自己暖和起來，去休息，去動動腦。也許還有一次機會，也許連一次也沒有。無論如何你一定得一次就成功，不成功，你就**會死！**會死，會死，會死。

沒錯，我一定要抓住這次機會。

重來一遍。找出問題。運用你學到的技能。

我的心緒飄盪，有時清醒，但隨即像個醉漢般腳步踉蹌，進入一種模模糊糊的恍惚狀態。

死掉，消失得乾乾淨淨。死……這個每個人都會面臨的……可惡，專心一點啦！

好吧。

≈死亡隨時降臨，而我無處可逃

首先，處理老問題——塞子鬆開來，已經透過將裂口的上下唇縫在一起解決了。

然後是新的麻煩——綁上的繩圈會鬆開，得想辦法解決。想想看，有什麼工具能用呢？太空毯、信號槍、沒用的打火機、塑膠袋。也許我可以把救生筏下層的橡皮胎拉緊，把它整圈往上拉，跟上層橡皮胎綁在一起。但這麼做並沒比之前高明到哪去，而且太費事了，我還得在下層橡皮胎上鑽洞，而且這樣一來就無法再復原了。

我還能找到什麼？急救箱、繃帶、剪刀、細繩、繩索，還有那些我已經用過的東西——湯匙、叉子、雷達反射……叉子！沒錯，你這個超級大白癡！「就是叉子！」

腎上腺素開始噴湧，流經我的血管。有如魔法一般，我居然有了力氣，用東西把自己裹住取暖，設法恢復流失的體溫。

我胡亂吃下眼前能看見的魚肉，一邊等待，一邊計畫。一整夜我都醒著，躺在那裡，在心中盤算，仔細考慮每個細節，推演出每種情況可能的結果。我不知道自己能否撐過這一夜，可是除了嘗試，沒有別的事可做。我蜷起身子，設法避開救生筏上冰冷之處，沒有被我的身體溫暖過的地方。

終於，我的眼睛能夠分辨出灰與黑，接著能夠分辨出橙紅與灰色。

我掀開蓋在身上的東西，感覺到清晨冷冷的微風吹在皮膚上。我用那把帶鞘短刀，小心翼翼地在橡皮胎裂口的上唇、泡棉舌頭和下唇上割開一道細細的口子。將叉子上的尖齒折斷，用叉柄穿過那道細長的口子，讓叉柄從兩頭突出來，像是穿在食人族鼻子上的一根骨頭。叉柄上剛好有兩個洞，就在裂口雙唇的上方和下方，我可以用繩子繞過補丁，穿過這兩個洞，把叉柄牢牢固定住。這樣一來，除非叉柄折斷，我在刀柄後面綁上的繩子絕不會鬆開。

我先用一股細繩抓住裂口雙唇的中央，把它們牢牢壓在泡棉舌頭上，然後把較粗的繩子纏上去，直到把雙唇又纏回一道噘起的模樣，最後把裂口外緣整個包覆住。我知道這股較粗的繩子，無法讓補丁完全不漏氣，因此為了徹底把它封住，我在那圈較粗的繩子後面加綁了一條止血帶。等橡皮胎充飽了氣，那條較粗的繩子會讓止血帶不至於從裂口的邊緣滑掉。

這項行動的每個步驟之間，我都必須要休息，所以一直弄到下午。等我弄好，我又得開始替橡皮胎充氣，花了半個小時，才做完平常只要花五分鐘的事。一個半小時之後，重新充飽的橡皮胎又變得軟趴趴的了。我很沮喪，可是只要我還有力氣，就必須努力把它補好，沒有別的選擇。

那根叉柄，現在讓綁住裂口上下唇的繩圈不至於鬆脫，可是兩側的邊緣卻跑出來了一點，剛好讓一股細細的氣流漏了出來。於是，我只好又把繩子再綁回去封住兩側邊緣，並且動用更多東西：拖船索、上層橡皮胎的固定環，還有任何我所想得到的東西。我把那條止血帶再多轉了幾下，另外再加上第二條止血帶。然後再繼續充氣，這回，我比那個幫浦呻吟得更厲害。在接下來那個鐘頭裡，鴨鴨塞飽了空氣，從水裡漲高起來，再度向前漂浮，宛如一片從根部割開的蓮葉。

但我也累垮了，成了一堆人形橡皮。

這一次，整整十二個小時過去了，才需要再餵一下鴨鴨。她的雙唇不再每隔幾小時，就把那三百口空氣給吐出來，我只需要打進三十小口空氣，她的肚子就又圓鼓鼓的，像個西瓜一樣。陰沉的天空和飽受折騰的海水，仍然在我四周撒下一片灰幕，我的身體又餓又渴，而且不斷作痛。但我感覺棒透了！我總算成功了！

在我失去獨行號的那一夜，還有剛剛過去的這一晚，死亡隨時可能來臨。

而我，無處可逃。

上一次的死亡恐懼，在過了一個多禮拜後，我漸漸適應了救生筏，看出自己有可能取得足夠的食物和飲水，從這個地獄之洞裡爬出來。

這一次，情形還要更糟。在下層橡皮胎被刺破之後，我在救生筏上的生活要比漂流之初所能想像到的更為恐怖。我覺得自己彷彿兩度往返地獄，而第二趟旅程，花的時間更久，更為絕望，情況也更惡劣。

我絕對撐不過第三趟。就連此刻，我也不確定能否恢復足夠的體力來撐過三個星期，甚至更久，好讓我抵達西印度群島。我必須保持樂觀，必須重新以堅定不移的態度，指揮自己和我的船，因為我還有很多事要做。

我站起來，迎著風，用堅定的口吻，叫死神滾開！

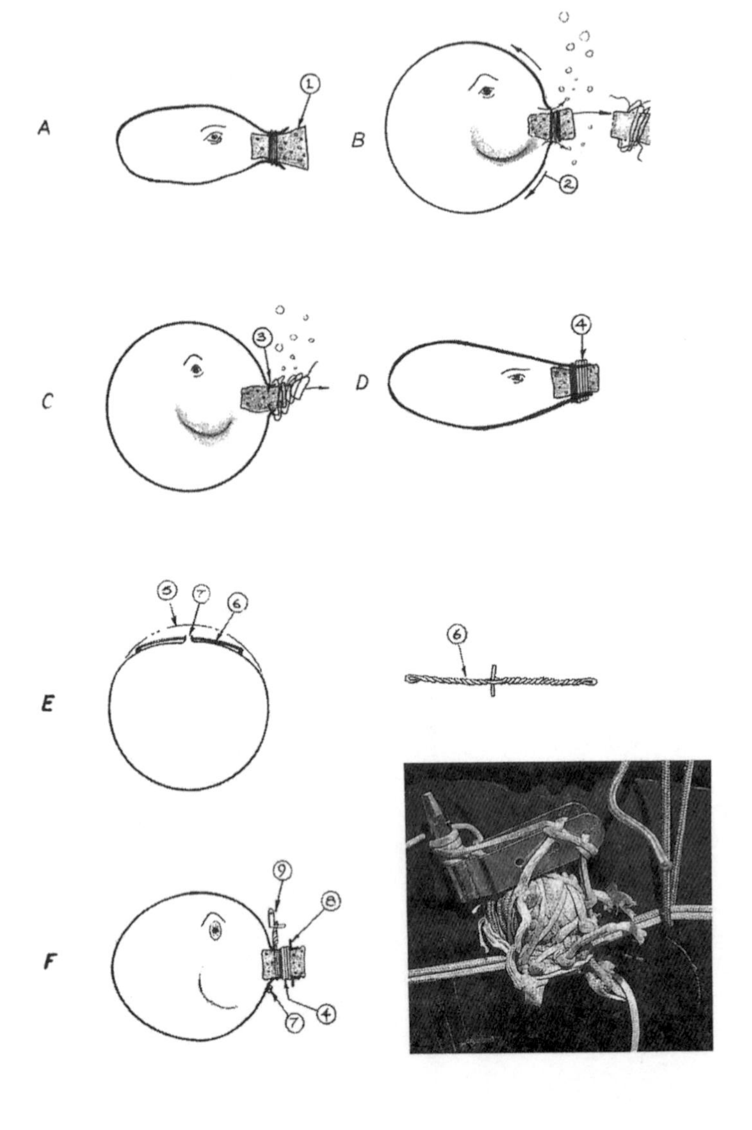
A
1
B
2
C
3
D
4
E
5
7
6
6
F
9
8
7
4

下層橡皮胎的補丁演化

A 橡皮胎裂開了一道口子，像張嘴巴。我把一個泡棉塞子 ① 往裡塞，並在外唇上纏了一圈圈繩子。從上往下看，嘴的外緣只勉強被繩圈給包住。

B 橡皮胎充飽氣後，裂口的外唇 ② 就會被扯開，從繩圈下面跑出來，繩圈和泡棉塞子掉了出來，而橡皮胎又消風了。

C 我在外唇和塞子上鑽了幾個小洞，把塞子 ③「縫」上去。然而，等橡皮胎充飽了氣，外唇還是會被扯開。

D 我用一條比較粗的繩子繞在外唇 ④ 上，這能讓原先那條細繩留在裡面不至於滑動。可是一旦橡皮胎充飽了氣，同樣問題又會出現——外唇被扯開，粗繩跟細繩會從塞子上被扯掉。我另外用繩子把粗繩綁在救生筏的好幾個固定環上，但這些固定環的數目不夠多，距離補丁也不夠近，無法完全發揮效果。這樣做，能夠讓繩子不至於完全脫落，但外唇邊緣仍舊會從繩圈下面跑出來，不管我把繩圈在裂口上纏得多緊。

E 由上往下看的救生筏正常形狀，以及我為了能在塞子四周拉出更大片的外唇，如何扭曲它的形狀。虛線 ⑤ 表示救生筏正常的圓形外形。只使用一個繩圈，就能扭絞成西班牙絞盤結的樣式 ⑥，把救生筏上的兩個固定環拉到一起。這樣一來，裂口就出現了輕微的縐摺，就算救生筏充飽了氣也不至於完全被扯平 ⑦。

F 最後的主要補胎系統（外部壓力補丁，以及與連接救生筏固定環的繩子綁在一起的許多條繩子，都對補丁能發生效果有所貢獻，圖上沒有畫出細節）。插進一支叉柄 ⑧，穿過上唇、塞子和下唇，這能避免繩圈從補丁末端被擠掉。粗繩 ④ 一圈圈纏上去，直到裂口的所有邊緣都被包覆住。然後再緊緊纏上細繩，把雙唇緊緊壓在塞子上。最後，一條止血帶 ⑨ 被用來強化施加於塞子上的壓力，避免跟叉柄成垂直的裂口邊緣從繩圈下被拉出來，同時又能把補丁緊緊壓住，結果補過的下層橡皮胎還比起未受損的上層橡皮胎更不會漏氣。

最後補丁的照片

可以看見綁在旁邊固定環上的繩子，以及連接變形的西班牙絞盤結 ⑦ 的那條繩子從補丁下方穿過。金屬絞鍊樞軸是用來綁緊止血帶的，同樣用繩子加以固定。

≈當失去發號施令的能力，內心也開始叛變

已經沒有魚肉了，飲水也只剩下一點。

夜幕低垂，海浪打得我全身作痛，但我無法保持清醒。我休息著，入睡了，等待太陽回來，無比緩慢地重回人間。

第五十三天，陽光掃開烏雲，風推著我們前進。補丁稍微鬆開了些，但還是撐住了。雖然我覺得自己彷彿剛被一個火車頭輾過，卻比任何時候都更有信心，相信自己辦得到。就算補丁再度失靈，我可以很快再做一個補丁來替代。這套修補系統發揮了作用。我的位置距離西印度群島還要三個星期左右，我的身體狀況跌到谷底，沒有機會恢復元氣，也毫無希望能再應付另一場大災難。從現在開始，將是全天候的奮鬥，我命懸一線，要撐下去，設法不要斷了讓我跟世界相連的那條細線。

在漂流之初，我的理性心智，跟我的其餘部分並不是涇渭分明的——我的情緒會聽命於近乎本能的訓練，而我的身體對於必須工作並沒有怨言。然而，生存是把雙刃劍，每天都朝著這裡那裡，割得更深一點，我身體各部分之間的區分，也越來越鮮明。

我的情緒緊繃，瀕臨崩潰，一點點小事就會讓我勃然大怒，或是陷入深深的憂鬱，還讓我心中充滿悲憫，特別是對那些魚。我的身體太過虛弱，難以遵循大腦所下的指令，一心只想休息，只想稍解疼痛。可是理智上，我卻只能選擇不用急救箱，因為這個急救箱很小，萬一哪天我受了重傷，

可能會派上用場。

大腦每做出一個類似這樣的決定，對我的其餘部分都越來越造成負擔。為了餵養我的身體，我必須脅迫自己的情緒去殺魚；為了讓自己覺得有希望，我必須脅迫雙臂和雙腿做出動作。我努力滿足互相矛盾的需求，但我知道自己的其餘部分，會盡量聽命於我冷酷無情的理性。

但我也漸漸失去了發號施令的能力，一旦我完全失去這個能力，我就完了。這種內在衝突造成的問題，更勝過苟延殘喘的持續憂慮。我小心翼翼地，留心自己內心的叛亂跡象。

我第一次試著把睡袋披在救生筏的頂篷上晾乾。吸了海水而沉重不堪的睡袋，啪一聲，打在頂篷上。我把拱頂的橡皮胎盡可能充飽，一雙橡皮般的軟腿只能支撐住幾分鐘，讓我把睡袋弄上去綁好，以免飛走。現在，我的洞穴裡面暗了一點，卻也涼快了些，在日正當中的時候這是個優點。雖然偶爾濺起的海水會把睡袋再度打濕，入夜時大致還是乾了。只不過每到夜晚，空氣中的濕氣會被吸進結了一層鹽的接縫處。

蒸餾器的運作情形，又不妙了。那塊布芯變濕的程度不理想，很顯然是閥門塞住了——有條穿過閥門以調節流量的活動繩卡住了。我用急救箱裡的鑷子把繩子弄鬆，但它仍然不時被卡住。我試著把唯一的一根安全別針綁在一枝鉛筆上，把針尖拉直，將別針從閥門穿過去，鬆開繩子。我必須很小心，以免刺破蒸餾器的氣球。這具蒸餾器每個夜裡都會癟掉，黎明時我會再把氣球充飽，倒掉鹹水，讓蒸餾器準備就緒。一整天，我看顧著它，餵它海水，不斷進行維修，處理出狀況的閥門，讓氣球維持在最佳的充氣狀態。而它，則以新鮮的淡水，調治我虛弱的身體做為回報。

≈微小生命的光芒，照亮了我的世界

太陽登上了它的寶座，銀色的水珠慢慢在氣球內面形成，最後滑落下去，滾落時沿著氣球內部表面，流下黑色的痕跡，一路收集銀色的凝結液。

我的眼皮沉重，單調的海浪聲，彷彿哼唱著搖籃曲，配上水滴緩緩落下的答、答、答……我猛然睜開眼睛。

我睡了多久？半小時？轉頭一看，只見蒸餾器倒下了，我趕緊抓起收集袋。滿過頭了，可惡！又被海水給污染了，又少了六盎司好好的淡水。從現在開始，我要每隔一小時就把收集袋裡的水倒出來，甚至更頻繁一點。

強迫自己做這些事，有助於讓自己不會睡著。兩隻熱帶鳥，正以笨拙的姿態從旁飛過，躲在牠們的黑色面具後面，嘲笑著我。但我可不覺得這有什麼好笑。我一邊把蒸餾器扶正，讓它開始冒汗，一邊啃著一塊砲彈魚的肉。我發現，原來這肉只要稍微曬乾點，就沒有那麼難吃了。

昨天我又開始捕魚。鬼頭刀也似乎知道了我要再度上場，槍尖一接近水面，牠們居然一哄而散。我沒法保持捕魚的姿勢太久，不過那些砲彈魚低估了我，牠們想必以為，我在日落時分就會收工。

然而，我卻在暗影中埋伏，刺中了一條，然後又一條。兩個啪咑擺動的身體躺在我面前，我像個狼人似的，用牙齒撕裂了第一條，舔掉留在鬍子上的殘餘魚肉和內臟，精神大振。我把第二條攤在砧板上，手電筒咬在嘴裡，藉著手電筒的光線把魚剖開，扔進保鮮盒裡，接著就睡著了。將近午夜時分醒來，我發現一道怪異的光暈投下陰影——保鮮盒正發著光。我打開盒蓋，看見那塊沒有生命的魚肉因為發光，彷彿活了過來。想必是發燐光的浮游生物進入了魚肉裡。這些浮游生物就住在海草和砲彈魚所食用的藤壺裡頭，牠們微小生命的光芒，居然在牠們死了很久以後，照亮了我的世界。

今天早上，在吃掉最後一條砲彈魚之後，我再次意識到下一餐還沒有著落。我們趕上了幾大團的馬尾藻，它們不像遠遠的東邊海面上清新幼嫩的那些。我從海藻羽毛般的分支上抖落一些小蝦和一條半吋長的魚，以及好幾條有白色背脊、肥嘟嘟的黑色蟲子。蟲子我沒碰，因為在我們航行前往英國時，克里斯曾不小心碰觸了那些蟲子，結果留下一拳頭玻璃裂片般的倒鉤。我在海草裡挑挑揀揀，尋找小螃蟹，牠們試圖從我的掌握中急急跑開。我把牠們集中在一起，捏破牠們的殼，讓牠們不必受太多苦，也無法逃脫。

肚子鼓鼓、身上長著斑紋的馬尾藻魚，也從海草裡掉出來，最長的約有一吋。我並不知道牠們是不能吃的，但的確覺得牠們味道很苦。如果我小心點，不要吃到牠們鼓脹的肚子，其實味道還不算太差。

還有，這些凝膠狀的小軟蟲又是什麼呢？牠們有四條果凍般的腿，像蹼一樣，身體帶綠色，吃起來鹹鹹的。至於螃蟹和小蝦，則被我留下來當甜點。有時候，當我沒有先殺死就把螃蟹扔進嘴裡時，細小的螯會在我的臉頰或舌頭上輕輕一螯，讓我意識到自己正在奪走的小生命。

傍晚時分，雨雲在天空急馳，提高了我重新累積存水的希望。接下來的一陣細雨，弄濕了筏內所有的東西，如今救生筏頂篷的防水能力就跟一件T恤差不多。清晨時分，雨滴變得更肥了，答一聲地落了下來，起初只有一滴，停了一下，接著是二十滴，宛如散開的鋼珠，再停了一下，然後是又圓又硬的子彈向下奔竄。

我抄起我的風箏，伸出去接水。雨水濺在保鮮盒上，也從蒸餾器上濺開來。我收集到十盎司乾淨的雨水，還舔掉殘留在蒸餾器上的雨滴。渴意稍減，我再度燃起信心——等到這一天結束時，我應該就能把存水完全補足。

我再度坐回墊子上，掀開睡袋蓋住雙腿。就在這時，居然發現一小片魚鰭從裝備袋和救生筏橡皮胎之間的縫隙裡冒出來。原來，雨水給我帶來了額外的禮物——一條大飛魚在滂沱大雨中迷失了方向，不小心摔進了我的救生筏裡。我等待著黎明，一陣小小的颶風弄得頂篷嘎嘎作響——另一條飛魚卡在帳篷上。

我吃掉這條飛魚可口的肉，把剩下的魚頭和魚尾拼在一起，看看會是什麼樣子。不賴，相當不賴。我拿出釣魚工具，把大型三本錨的一只鉤子，從魚頭背面插進去，再從魚嘴裡穿出來。我把兩個大型單鉤綁在一起，尖鉤穿過魚尾巴，再把這兩個魚鉤，跟那個三本錨綁在一起，用的是粗粗的帆繩。這樣，魚頭就跟魚尾連在一起，我創造出一條異常短小的飛魚。這魚餌是如此逼真，讓我都忍不住想咬一口。

釣鬼頭刀如果不用鋼絲前導線，那是白費力氣。我想到，也許能在雷達反射器裡，找到可用的金屬線。於是我打開外層的油紙，露出的蒙納合金網線和鋁柱有如蛛網一般。但海水也滲入了這裡，讓金屬生了瘡——電解液腐蝕了鋁柱，結成硬硬的一處處潰瘍。不過，我倒是看到還有一條不鏽鋼的結實金屬線，大約十八吋長。我記下其他的寶貴小片金屬和扣件，再把雷達反射器收起來。

最近那些鬼頭刀都躲著我的魚叉，可是胃口似乎特別好。我扔出一塊飛魚的內臟，牠們跳起來接住，就像惡狠狠的鯊魚。我把魚餌扔出去，在筏尾放線，三十呎，五十呎，一百呎，我看見魚餌就在透明的海水表面下晃動。一道靛青和雪白的閃電衝過去。

這一擊很重，釣魚線被扯了一下，再扯了一下，然後就沒了動靜。我看著那條鬼頭刀就這樣竄至遠方。

牠撞到的是魚餌的頭部——鬼頭刀似乎常先吃掉獵物的頭部，至少從牠們胃裡掏出的殘餘食物來看是如此。我注意到，鬼頭刀往往是一雌一雄結伴而行，而且我現在還發現，這種結伴同行的行為，可能還有別的目的——也許其中一條會追趕獵物，另一條則在獵物行進路徑中等待，等著同伴把魚趕進自己嘴裡。如果追趕獵物的那條鬼頭刀能夠從後面捉到飛魚，對這條鬼頭刀來說自然更好。

當然，關於鬼頭刀的行為我只能胡亂猜測，因為牠們最遠在一百呎之外，我只能在牠們靠近時

我用飛魚殘軀做成的魚餌是如此逼真，讓我都忍不住想咬一口。

才能加以觀察。假如我能跟牠們一起游泳，弄清楚牠們私生活的錯綜複雜，那該有多好。

我把剩下那條飛魚的頭重新裝上魚餌，這一次，我會放出足夠的釣線，讓鬼頭刀把魚餌吞下去。有隻鬼頭刀迅速接近了，我放掉幾呎長的釣繩，拖著那條侏儒飛魚。

鬼頭刀吞下魚餌，嚥下去，現在嚥得很深了。我扯動釣繩，讓魚鉤鉤住。抓到了！上鉤的鬼頭刀向前衝，彷彿啟動了噴射引擎，牠擺動頭部，一口就把繩子咬斷，游開了。看樣子，我永遠沒辦法釣到鬼頭刀，還是得用魚叉才行。

≈是的，就算沒被救起，我還是能抵達西印度群島

我計算出，自己大概距離安提瓜島四百五十海里——可能得加減一百海里，說不定還要更遠。還要再十八天。唉，在漂流之初，十八天是種奢求。現在，我需要再有十八天。

隨著我的裝備持續損耗，隨著我活屍般的身體持續腐爛，我必須盡量準備好面對任何可能發生的情況。信號彈只剩下幾枚，離開大洋航線也很遠了，西印度群島還在遙遠的前方，可是現在我已如此接近，而且經過了這重重的磨難，我不能放棄。

黃昏時分，我在波濤起伏的海裡刺中了一條母鬼頭刀，太陽趁我們混戰時落下，一汪海水在我膝蓋四周流動——原來不知什麼時候，槍尖刺穿了筏底的橡皮。

不過這次刺出的口子太小了，修補用的塞子塞不進去，於是我拿出刀子，弄大那道口子。不費吹灰之力，現在裂口已大到足以把一個塞子塞進去，轉緊，再用鱈繩綁好。嘿，看哪，滴水不漏，甚至連鬆垮的筏底橡皮都繃緊了些。當初就該用這個辦法來封住橡皮底上的小洞，假如先前那個補丁再鬆開，我就會這麼做。

那條鬼頭刀的肚子裡，還有另一條模樣像鯖魚的魚，不過比上次那隻要小，而且被消化掉的部分也比較多。手電筒不亮了，我折彎了兩個螢光棒其中一枝——螢光棒被折彎時，兩種化學物質會混在一起、發出綠色的微光。豐盛的食物攤在我面前的砧板上：兩個魚肝、一袋魚卵、兩種魚肉，還有滿滿半品脫的水。我在綠色的燭光下用餐，一切漸入佳境。

夜裡下起陣雨，把所有的東西都弄濕了，但我只收集到一點點雨水。

一艘朝西方行駛的船隻從遠處經過，太遠了，看不見我發射的倒數第二枚降落傘信號彈。換做是一個月前，我至少會發射三枚信號彈，可是現在我實際多了。我會等到一艘船所在的位置更可能看見我的時候再發射，我不能再浪費信號彈。何況，現在我越來越有自信——也許太自信了——相信就算沒有被船救起，我還是能抵達西印度群島。多雲的早晨毀了我蒸餾海水的機會，但我仍然毫不畏懼。在我面前是一份豐盛的早餐，足夠餵飽一頭金剛：大片的魚排、四分之一磅的魚卵、魚心、魚眼，還有一團刮下來的魚油。好吃！

現在我所處的水域相當溫暖，就算全身濕透，也不會在夜裡因為體溫過低而死。如今幾乎天天都會下雨，至少是一場夜裡的陣雨。我可以冒個險，把那條太空毯拿來做別的用途——我把它變成一個集水披肩，放在頂篷的背上，把邊緣捲起來充當排水溝。這個披肩頂部寬，順著頂篷的拱形橡皮胎成漏斗狀縮小至一個尖端，我把這個尖端從漏水的眺望口拉進來。現在，只要有海浪濺上頂篷，或是一下雨，水就會嘩啦啦流下來，像打開水龍頭。

不過，頂篷的背部如今嚴重漏水，到處都有水流進來。披肩蓋住了靠筏尾那一側的大部分頂篷，比起救生筏前端的頂篷，筏尾那一側的頂篷被風吹日曬得更厲害，防水的能力也更差。鋪上披肩之後，頂篷後端就乾多了，儘管雨水和濺起的海水還是會流到披肩下。這張披肩能接住大約六、七成的雨水，讓水從眺望口那個龍頭流出來，所以要比任意流進來的雨水更容易接住。我可以把保鮮盒掛在水龍頭下方，再用咖啡罐把水舀出來，也可以直接把咖啡罐放在水龍頭下面。

≈我的世界裡，出現了新的魚類……

我在更多的海草裡搜揀，眼角餘光瞄到一條魚從旁邊掠過，長度跟鬼頭刀相當，卻瘦得多，應該不是鬼頭刀。

這是我第二次瞥見這種魚了，是梭魚嗎？還是鯊魚？不重要，重要的是：我的世界裡已經出現了新的魚類！

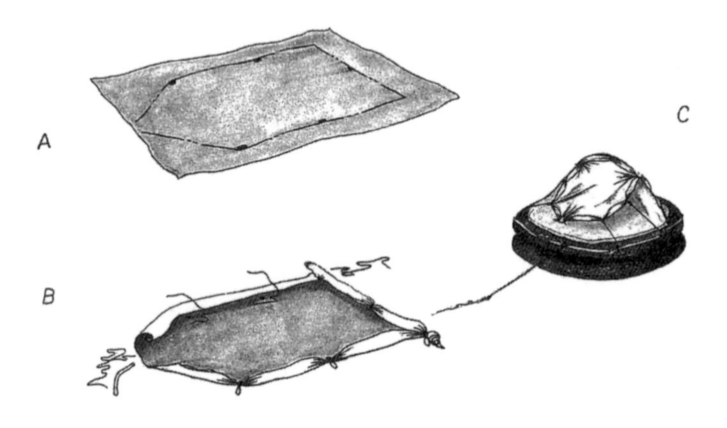

我用剩下的太空毯做了一件集水披肩（先前我用部分太空毯做過一個風箏）。

A 我先畫出形狀，在毯子上鑽出鈕孔，讓細繩可以穿過這些小孔，把它綁緊，也可以充當固定點。

B 我把邊邊往上捲，充當排水溝，讓大部分的水往左側那個尖端流動。我在尖端處綁上一段管子，當作排水管。然後把這個尖端和排水管拉下來，穿過位於救生筏頂篷背部的眺望口，就能把排水管接到貯水容器裡。我用繩子穿過那些鈕孔，在每個繩結上都打了一個繩圈，再把收緊繩穿過繩圈，往下跟救生筏的外部扶繩綁在一起。

C 這是集水披肩鋪在救生筏頂篷上的樣子，尖端從眺望口被拉下去，收緊繩把披肩往下拉，並且盡可能讓披肩攤開來，拱頂橡皮胎的脊部，就是披肩上的排水溝。

某件事情正在發生，我能感覺得到，就像一個斥候只要探探灰燼溫度，就可以知道有人圍坐在營火旁邊是多久之前的事。

新上場的鳥兒振翅飛過，遠處有兩隻鳥在打鬥，也許是海鷗，但更可能是燕鷗。羅伯森那本書裡有一張圖表，顯示出燕鷗的遷徙路徑，會經過我大致所在的位置。

有時候，可以運用南太平洋島民發展出來的技術，來判斷前方是否有陸地。你可以尋找一些指標，比如海浪擊打海岸後又彈回海上的波形、積雲由於陸地上的熱氣流而急速上升至高空、夜裡海水中發出燐光的線條等等，但我沒有發現任何這類跡象。

當然最可靠的辦法，還是親眼看見陸地，可是要從遠處看見陸地，一向是個難題。當雲在你的上方時，看起來移動得很快，但當雲接近地平線，你以斜角看穿大氣層時，那些雲感覺上就移動得越來越慢，同時也變得越來越暗。積雲會呈現出高聳的火山邊緣或是低平的島嶼形狀，但那些只是幻覺。有些積雲長時間靜止不動，讓你開始相信它們是堅實的土地。只有在十分漫長的觀察下，航海者才能區分陸地和雲。

克里斯和我接近亞速群島時，我曾見過高而膨鬆的積雲之間，有個淡灰色的圓錐形。一連數個小時，這個圓錐形都沒有移動，卻漸漸變得更為清晰，並向下伸展——我們從四十海里外看見了法亞爾島（Faial），該島較低的部分還隱藏在海平面的朦朧白霧中。

不過，我也曾經在距離加那利群島千呎高的峭壁不到一海里處，當陽光照亮薄霧後，目睹整座島嶼居然消失了。我非常希望我低估了自己和洋流的速度，我做的估計一向比較保守。我仔細尋找海平面上是否有個穩定的形狀——一個不會移動而且轉為綠色的形狀。但是我眼前所見，卻都緩緩化成一匹有翅膀的馬或是一個天使，飛出我視線之外。

現在是三月底，四月的陣雨會帶來五月花號嗎？還是四月一日會是宇宙的愚人節？你以為自己辦得到，是嗎？哼，你這個傻瓜！

四月一日，第五十六天。

雲中落下了一陣小雨，來測試我的集水系統。我收集了大約一品脫，可是一嘗之下，發現這水還是被頂篷脫落的橙色顆粒嚴重沾染了。我的集水披肩效果不如預期，還是有太多水沿著頂篷流下來，這些污水跟從集水披肩流下來的乾淨雨水，都從頂篷的同一個洞口流下。如果用乾淨水來稀釋污水，也許就能喝了。我試著各加一半，還是很難入口，我只能強忍著不要吐出來。如果用蒸餾器的蒸餾水再加以稀釋的話，也許……

太陽從灰色的雲牆後面隱隱出現，蒸餾器開始運作，跳躍的水滴以旋轉的舞步跳進收集袋裡。但蒸餾器還是不斷垮下來，邊上那個洞想必大得有點嚴重，我必須每隔十到十五分鐘就得再替氣球吹飽。所幸產出情形看來很不錯，甚至好得有點過頭。

我試著不去理會蒸餾出來的水變鹹這件事，我渴得要命。海水本身並沒有那麼糟，如果把帶鹹味的蒸餾水跟被污染的雨水摻在一起，應該有助於同時減輕鹹味和那股噁心味。我把這些水全混在一起，所得出的混合液——像種混合了水、岩鹽和嘔吐物的東西——足可在任何古老的部落儀式中用來測驗男子氣概。丟了吧，不要連明天產出的水都污染了。可是倒掉又實在可惜。我捏住鼻子，嚥了下去，大口吞下時，微微有種燒灼感。

在波多黎各外海，一艘名叫「層雲號」的船看見了一條漂流的小船，向海岸巡邏隊通報。巡邏隊要求層雲號描述那艘被棄的船隻，但描述跟獨行號不符。

這一天結束時，海岸巡邏隊通知我家人，表示對我的「搜尋」已經結束。

他們沒有提起層雲號。我哥哥艾德每天都打電話給我爸媽，看看是否有我的消息，缺乏來自官方的消息讓他很洩氣。如果不是他們有消息隱而未言，就是沒有進行大規模的搜尋。艾德離開了他在夏威夷的家，搭上飛往波士頓的飛機，加入我爸媽和弟弟鮑伯自行展開的搜救行動。

黑暗中，我無法入睡，可恨的水在我腸子裡翻攪，像塊沉重的石頭。我開始頭痛、冒汗，脖子變得很緊，感覺頷下有股壓力，好像被一隻拇指抵住。我感到一陣噁心，脈搏加速，頭痛欲裂。到了午夜，滾燙的汗水從我發熱的皮膚流下，我痛苦得滾來滾去。

天啊，我害自己中毒了。

≈ 8 ≈

航向垃圾之路

人類的污染，成了我得救的路標

瀑布上每一個泡沫和漣漪，都凍結成白色的冰，從斷崖垂下，像冬天老人結霜的長鬍子。外表看起來，水不再流動，彷彿靜靜等待著融冰的春天。但其實，瀑布上的水繼續向下衝，水花濺到我的玻璃杯裡，杯中鮮藍色的碎冰喀喀作響。亮閃閃、冒著氣泡、清涼透徹的水就在我唇邊，可是我的腦袋卻一直向後仰，無論如何都喝不到。

我硬是睜開眼睛，才讓自己不必再看見這樣一幅景象。

噁心作嘔的感覺令我窒息，我的舌頭彷彿嘴裡跑進了隻蟾蜍。我受不了了，不顧一切拿出一品脫珍貴的存水，旋開蓋子，大口灌下去。水在我雙頰中停了好一會兒，我才把那蟾蜍般的舌頭向上一推，讓水順著喉嚨流下去，澆熄腹中的火焰。

我又喝了一大口，這場大火仍有餘焰。再喝一口，然後再一口。一品脫的水袋軟軟地垂下，縱火狂投降了。噁心的感覺被淹沒，我睡著了。

到了早晨，我覺得很虛弱，但還能抓到我的第十一條砲彈魚，用牠新鮮的內臟和幾條鬼頭刀肉來增強體力。我又重回戰場。

≈茫茫大海，如何知道自己在哪個經緯度上？

四月二日，第五十七天。

剩下那一段修理用的膠帶，上面的黏膠跟膠帶分了家，凝結在膠帶背面。我用刀子刮下一小球黏膠，做成個小塞子，塞進蒸餾器上的破洞。我把黏膠的兩面壓扁，像個鉚釘一樣，再把一片膠帶壓在這個黏黏的鉚釘上。這片更換過的補丁效果好多了，讓我的肺得以休個假，也讓海水那該死的鹽分留在它該待的地方。

這個蒸餾器還能撐多久？很難說。上面的洞越來越大了，活像佛陀的肚臍，我最好盡量收集水並好好貯存。先前我割開的那具蒸餾器，它的壓艙圈可以做成兩個很不錯的貯水器。我把壓艙圈割成兩半，把每一半的一端綁緊，另一端是直徑大約三吋的開口處，很容易就能把水倒進去。水裝進去之後，再把開口的一端也綁緊。必要時，我可以把被弄髒了的雨水貯存在這兩個貯水器裡，排水管也許可以用來執行污水淨化。

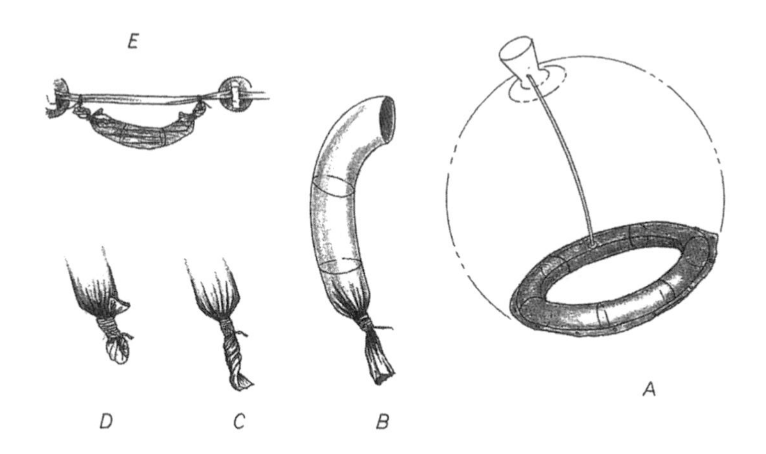

A 我把割開的那具蒸餾器的壓艙圈割了下來，切成兩半，讓我輕易就能從開口的一端把水灌進去。

B 我把一端緊緊綁住，但還是會漏得很厲害。

C 於是我扭緊尾端。

D 再拉上去牢牢綁住。這樣做居然還是會漏，雖然漏的速度很慢。等到貯水器裡裝滿了水，我把另一端依照同樣的步驟綁緊。

E 將它水平懸掛在救生筏內部的扶繩上。讓貯水器兩端能夠保持向上，避免漏水。

風吹著我們偏向北邊前進。應該來確定一下緯度了。

我把三枝鉛筆綁成一個三角形，做成一個廉價的六分儀。六分儀是種昂貴的分度器，附有鏡子，能讓領航員同時看見地平線和一顆恆星或行星。早年六分儀的前身，只包括木製的交叉桿和四分儀，我這具六分儀甚至還要更原始。因為我無法同時看著星星和地平線，必須把頭上下移動，先沿著一枝鉛筆觀看一顆星星，再沿著另一枝鉛筆觀看世界的邊緣，同時努力握住這個儀器不要動。我打算今天晚上來試試看。

在安提瓜島上方，西印度群島開始彎向西方。如果我漂流在北緯十八度之上，就得再撐二十到三十天，才能抵達巴哈馬（Bahamas）。而西印度群島中最東邊的一個島，就是瓜德羅普。因此，我想瞄準北緯十七度。

世界頂端的緯度，是九十度。因此如果一個領航員站在北極，北極星會在他正上方，不管往哪個方向看，北極星都會跟地平線呈九十度。而如果站在赤道——緯度是零度——上，就會看到北極星正好在地平線上閃爍。因此，由北極星和地平線之間的角度，我們可以直接找出緯度。於是，我將試著量測北極星跟地平線之間的角度，好得出我現在所處的緯度。

至於經度，測量的方法則完全不同。

要確定經度，領航員會用時間來推算。地球圓周共三百六十度，每一度都可被分成六十分，每一分就是一海里，也就是六千零七十六呎。由於地球每二十四個小時自轉一周，因此天上星星每小時就會移動經度十五度——或是每分鐘移動經度十五分。英國格林威治的天文學家，讓零度經線通過他們那個小村莊，做為他們在劃分地球時的起點與終點。

要計算出經度，可以把某一顆星出現在你頭上的時間，跟該星星出現在格林威治上方的時間相比較，接著，再把時間的差距換算回經度，你就能知道自己在格林威治東邊或西邊多遠了。一直到有了準確的計時器誕生，人類才能精確地確認經度。

庫克船長是最早使用經線儀的人[11]，這是個突破性的發明。在那之前，航海者通常是朝北或朝南行駛，直到抵達終點港口所在的緯度，然後直接朝東或朝西行駛。這種所謂的緯度航行法，是依靠算出北極星的高度，再把我一直持續記錄的大致漂流速度計算進去，就能在既沒有路標也沒有地標的茫茫大海上，更清楚自己的所在位置。

我從航海圖的羅盤上量出十八度，把六分儀定在這個角度上。

向西，以及向南走吧，小鴨。

那些鬼頭刀一整天都猛烈衝撞著救生筏，弄得我全身的瘡作痛，也惹火了我。天空再度放晴，下午很熱。微風改從南邊吹來，把我們吹向北邊……噢，慘了！一整夜皎潔的月光，照亮了至少上百條砲彈魚，以及三十條隨我同行的鬼頭刀，牠們不斷朝鴨鴨衝過來！

我們居然朝著正北方前進，然後朝向東北，接著又往東——我們就是打那兒來的啊。可惡！

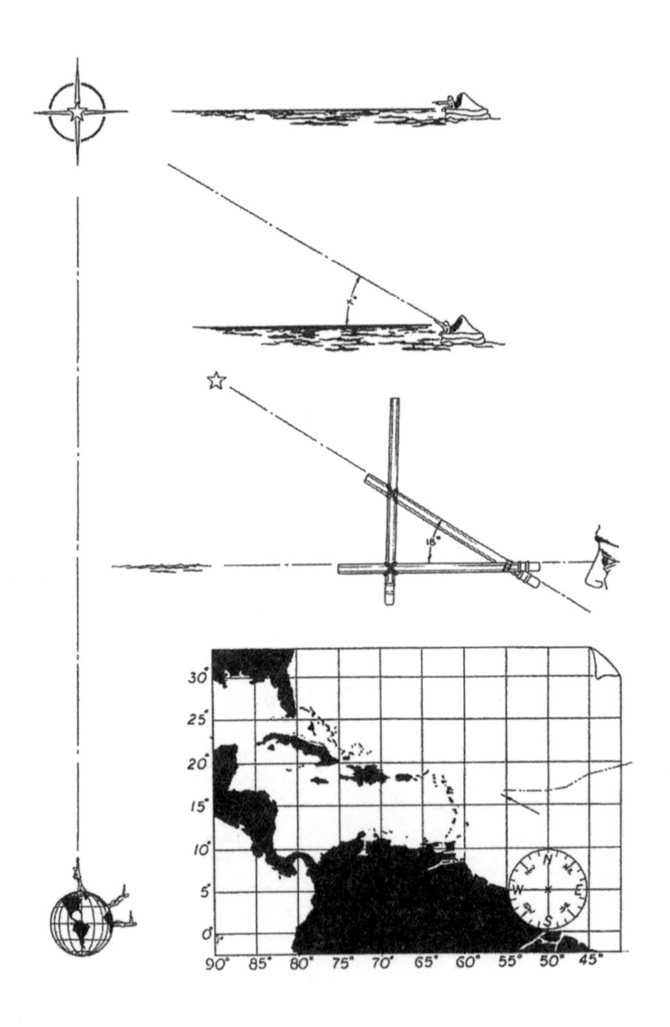
18°
30°
25°
20°
15°
10°
5°
0°
N
W
E
S
90°
85°
80°
75°
70°
65°
60°
55°
50°
45°

基本導航

我根據自己的漂流速度，再加上洋流大概的速度與方向，估計出我的東西向位置。我用鉛筆做了一個簡單的六分儀，來幫我估算出自己所在的緯度。

左上角：北極星位於北極正上方（磁北是另一回事）。你可以看見，左下角那個地球的北極上站著一個人，他直接抬頭看著北極星，跟他的水平面成九十度角。站在赤道上的那個人，則會看見北極星在他的水平線上。

右上角救生筏裡的那個人，因為看著水平線上的北極星，所以他一定是在赤道上。站在地球赤道與北極之間的那個人，以跟他的水平線成Ｘ度角的角度看著北極星，所以他就是在Ｘ度的緯度上，跟下方那個救生筏裡的人一樣。

我把三枝鉛筆綁在一起，讓其中兩枝成十八度角，那是我估計出自己所在的緯度。我把航海圖上的羅盤，當成分角器來使用，因為它剛好被分成三百六十度。首先，我得把水平的那枝鉛筆跟水平線對齊，然後一邊努力不要移動它，一邊垂下眼睛，讓我能順著高起的那枝鉛筆看著北極星。如果北極星不在同一條線上，我就調整兩枝鉛筆之間的角度，直到北極星位在同一條線上，然後用羅盤來量出我的緯度。

從航海圖上，可以看出西印度群島在北緯十八度上方折向西邊，在北緯十九度以上更是彎得很厲害。如果我漂流到北緯十九度，我的航程會比在十八度時至少多四天。如果我漂得更加往上，到了北緯十九度半，航程就會延長幾個星期，說不定會延長幾個月。那條斷斷續續的線條標出我的行蹤，洋流則是順著箭頭的方向流動，想把我推向北方。情況很不妙。

≈多麼希望，我是自己所吃掉的那條魚

四月三日，第五十八天。

到了早晨，我們繞完了一圈，又重回航線。我很高興我的六分儀測出來，我們位於北緯十七度，但這可能會有一度以上的誤差。只要往錯誤的方向偏了一度，我的旅程就得再延長一個月。這個可能性很大，讓我心裡很不安。而且昨天全在兜圈子，我不敢期望能持續前進。已經五十八天了，但我必須更有耐性，也要更有決心。

氣泡從鴨鴨的補丁咕嚕咕嚕地冒出來。目前我必須每隔一個半小時打氣一次，讓橡皮胎維持飽滿。我把補丁頸子上的止血帶再扭緊，繩子掙扎了一下，迸開了，不過補丁還大致留在原位。我趕緊用比較堅固的繩子做了個套索，繞上去拉緊。有如奇蹟一般，如今下層橡皮胎比上層橡皮胎更不會漏氣。

好幾條鬼頭刀輕推著我的屁股，看來牠們會在這附近待上一會兒，是我出手的好時機。

我瞄準，然後射擊，沒射中。

再一次，射中了，是條漂亮的雌魚。

牠被我舉出水面時，在陽光中閃閃發亮，拍打身體，把頭朝向尾部蜷起來——向左，向右，向左，向右，越來越快，我脆弱的魚叉隨著牠的節奏搖來搖去——好一隻美麗又壯觀的動物。我以一

種已經成為本能的流暢動作把牠甩到筏上，終結了牠的生命。又一次，我得以暫免於餓死。又一次，我為了失去一個同伴而難過。

我越來越覺得這些生物散發出一種靈氣，讓我相形見絀，我不知道該如何理性地來解釋——也許這就是重點所在。我不認為這些魚跟我們一樣，會反省或思考，牠們的智力與人類不同。當我還在思索著真理和意義，牠們已在當下與生命的強烈連結中找到真理和意義——在隨波衝浪之中，在追逐飛魚之中，在我的槍尖奮力求生之中。我以前常以為，我的本能，是讓我得以活下來的工具，好讓我的「高級功能」能夠繼續。如今我覺得情形更像是反過來：是我推理思考的能力在發號施令，讓我能夠活下來，而我之所以活下來，則是為了我本能地想要的東西：生命、同伴、安慰、遊戲。而這一切，鬼頭刀全都擁有——就在此時，就在此地。我多麼希望，自己能變成我所吃的魚。

我看著我的魚叉，更有理由渴望自己是一條魚，不需要使用工具——因為箭頭又折斷了，我原本一直擔心的是那把輕薄的奶油刀，但折斷的反倒是那把堅硬的不鏽鋼刀，而且刀刃斷得很平整。說不定，我正看著的是自己最後的晚餐。

好了，別這麼誇張，你先前也修理過。可是這一次，該用什麼來修理呢？叉子已經被我用掉了，帶鞘短刀要用來穿透一條鬼頭刀太過笨重，沒有別的東西能讓我拿來做成箭頭。好吧，看來我只好繼續用那把奶油刀，如果它也斷了，那我就試著綁上那把帶鞘短刀去捕砲彈魚。這事，以後再來操心。

下雨時，被頂篷污染的雨水，還有那張太空毯截住的乾淨雨水，一起從眺望口中流下來。我塞了一段塑膠管在太空毯排水系統的低點，用帆繩加以固定。夜裡一場豪雨讓雨水灌進來，我讓大部分的污水排在那個風箏上，而讓乾淨水從管子裡流進保鮮盒裡。此舉大獲成功，我收集到兩品脫半的水，雖然稍微受到污染，但還可以喝。

這一來，就算最後一具蒸餾器徹底報廢，我也不見得就會完蛋。我想像鬼頭刀在我的槍尖上掙扎求生，把身體扭過來扭過去，扭過來再扭過去，讓我想起小時候讀的那個關於一部小火車拚命努力，冒著蒸汽爬上山頭的故事[12]。我想我做得到，我想我做得到，我想我做得到……我知道我做得到，我知道我做得到，我知道我做得到。

中午時，我看見另一艘船朝北方而去——太遠了，不可能看見我的信號彈。反正，那把信號槍如今也只是一團硬梆梆的鐵鏽，最後一枚流星信號彈是無法發射了。

在這種情況下，也許一具手持式的超高頻無線電，會比一把信號槍有效得多。過去我有好多次在海上，可以用無線電跟別艘船上的人通話，但對方卻看不見我。算了，無所謂。這艘船也許是個好兆頭，很可能就是要從巴西去美國的船，也顯示我所畫的航線或許沒錯。在從巴西到佛羅里達的這條帶狀海域上，來往於加勒比海諸島、南美洲和美國之間的海上交通會更繁忙。我應該很快就會抵達大陸棚，我的漂流很快就會結束。

≈人渣水手，去工作！不然吊起來餵鳥

然而，海洋依舊無邊無際——藍得像游泳池，三海里深，幾千海里寬，真是這個星球上最寂寞的地方。魚類的動作一再重播，幾隻軍艦鳥在頭上盤旋，彷彿是被繩子掛在一個巨大的吊飾上。我覺得自己好像被拍進一部早期的好萊塢電影，布景緩緩移動，製造出人在移動的錯覺。

我夢見我在家裡，一切都很平靜，帶著春天的氣息。光線從萌芽的新葉間篩過，芙莉莎——我的前妻——和我同坐在一堵石牆上。我們向鄰居揮手，我告訴大家我快死了，他們得派出搜救隊來找我。

我哥哥艾德和我父親，想盡辦法從海岸巡邏隊那兒打聽消息。他們從諾福克氣象局取得了大批氣象資料，他們寫信給國會議員，寫給任何可能幫上忙的人。艾德的手指因為不停撥電話而作痛，他的菸蒂堆成小山，直到從菸灰缸的邊緣坍下來落在桌上，如同雪崩一般。我的家人檢視航海圖和氣象資料，設法算出我最可能在哪裡遇上麻煩。他們判定，是那陣從二月三日颳起的強風，利用我可能走的兩條航行路線，畫出我的救生筏可能會漂流的兩種模式。

我哥哥是職業潛水員和航海者，對大海十分熟悉，我父親在戰時多次駕機進行搜救任務。另外有很多朋友、職業海員、製帆師傅和海事記者，也貢獻出他們的知識，其中許多人都曾遭遇過海難事件。我弟弟鮑伯和我母親，則負責這項搜救行動的後勤補給——弄吃的、寄信、跑腿。他們得出

的結論十分準確，所計算出的兩個位置，其中一個距離我所在之處只相差一百海里。

海岸巡邏隊對這些都不感興趣，一個逾期這麼久未歸的航海者，肯定已經死亡。就算搜尋是合理的，一群情感上涉入太深的外行人所蒐集到的資料，也不能跟專業的海岸巡邏隊所取得的資料相提並論。

一波波的信件繼續從我爸媽家寄出，帆船運動記者繼續豎起耳朵，互通電話，留意消息。我在百慕達的好友，通知所有橫渡大西洋的船隻多加瞭望——這是海岸巡邏隊拒絕去做的事。業餘無線電玩家把關於「獨行號」的話傳出去，傳遍整個北大西洋的南端。

可是隨著日子一天天過去，那些熟悉大海的人越發明白，我倖存的機會很渺茫。歷史上，只有一個人曾經獨自在海上生存這麼久。芙莉莎把自己封閉起來，藉由研究植物來埋藏她的恐懼。我的家人還不知道，他們投注的心力將永遠不會促成一場搜尋行動，也不知道他們的努力頂多只是讓他們有事可做，讓他們的信念不至於飄散。其他人帶著越來越深的憐憫，來看待那些仍舊相信我還在海上漂流的人。

四月四日，第五十九天。

我對這一切渾然不知，只看見兩個月來展開在我面前的地平線，依舊空空蕩蕩。

我的四肢和眼皮，由於過於疲憊而沉重，就算在一天當中較涼爽的時候也是如此。如果我必須命令自己移動，不管是為了任何理由，在我腦中的水手們之間，就會爆發激烈的爭執。

救生筏裡所有的東西都沾滿了鹽，這些鹽從空氣中直接吸取濕氣，就算天候相對平靜時也一樣。這些含鹽溶液被抹進我身上的每一個傷口。只有日正當中時，筏上東西才會真正曬乾，然後那些鹽就會結成硬殼，磨破我身上的瘡。唯一不會讓我疼痛難當的姿勢，是跪著。當太陽高高掛在頭上，我在炙熱中倒下——就這樣閉上眼睛，撒手而去會是多麼容易，多麼容易……

別再想了！去工作，我告訴我的人渣水手，去工作，不然大海會把你吊起來餵鳥。工作，因為你還沒有領教過大海的厲害。

我用那個不鏽鋼刀刃殘留的部分，來強化魚叉上那把薄弱的奶油刀。我把整個刀子再從槍管上往回縮，讓它能綁得更牢一點，可是脆弱的刀尖看起來無法承受太大的拉力。

我先試看看較輕的一擊，於是朝一條砲彈魚戳下去，雖然刀尖無法穿透魚身，但我能把那條可憐的魚給甩到筏上。

≈咦，那不就是「我們的」垃圾嗎？

我很接近陸地了，我能感覺得到。

我可以體會哥倫布當時的心情，他在每個漫漫長日努力安撫船員，因為他們彷彿是航向無有之鄉，而他知道陸地就在地平線外，始終就在地平線外。頭上那些鳥的胸部是暗暗的白色，不是紅色，但想必還是軍艦鳥。又有兩隻加入了牠們的行列。兩隻燕鷗拍著翅膀飛來飛去，一隻像是海鷗的棕鳥則從水面掠過。

這時的我有種揮之不去的感覺：總覺得有人陪伴著我。當我打起瞌睡時，我的同伴要我放心，他會負責守望，做好該做的事。有時候，我甚至記得我們之間曾經分享過的對話、祕密和建議。雖然明知這不可能發生，這種感覺卻始終存在。

疲憊漸漸到了危險的地步，我那看不見的同伴鼓舞著我，說我一定能撐到四月二十號。

沒有新鮮食物了。海面也不平靜，無法讓我好好瞄準。硬梆梆的魚肉條在水裡浸泡了幾個鐘頭後，變得軟到可以咀嚼，也鹹到有點滋味。

在黎明的第一道曙光中，就在日出之前，我把一塊硬魚肉含在嘴裡，手握魚叉——瞄準，戳下，水花四濺；瞄準，戳下，水花四濺。我動作太慢，也太無力。經過幾個小時累人的耐心守候，我在五條魚身上刺出了洞。太陽升起，我的手臂顫抖，似乎就要融化。我癱倒在救生筏潮濕的橡皮底上，失敗了。

傍晚，我再度出手，失敗；隔天清晨再度出手，又失敗了。

在這種氣溫下，如果沒有水，只能存活三天。我有十天的存量嗎？我試著看顧蒸餾器，又一條魚咬穿了收集袋，更多的淡水流回大海中。我坐著，喪氣，但很冷靜。

四月六日，第六十一天。

接連幾天，大西洋上都空無一物。突然，我看見了一大團馬尾藻在海浪上漂浮。

我用槳去撈，把那團海草拉到鴨鴨的圍兜上。海草上有東西在爬，還有釣魚線纏在上面。另外一團在前面載浮載沉，我把剛才那一團扔到橡皮鴨尾端，把第二團拉過來，接著是第三團、第四團。海裡漸漸充滿了海草，我趕緊用手指扒過這層層植物，發現大量的常見食物——縮起來的蝦子、拍動的小魚、喀喀響的螃蟹。我把馬尾藻扔到救生筏後端，待會兒再處理，伸手抓起下一團海草。這時，一層黑黑的東西，出現在前方的地平線上。

我們從一排堆疊得有如秋葉的海草中漂過，馬尾藻夾帶著垃圾。六十天來，大海都純淨無瑕，也許從不曾被人類碰觸；經過的那幾艘船和一塊保麗龍，是人類仍然居住在地球上的唯一證據。但突然間，我的周遭充滿了人類的廢棄物——**我們的**廢棄物，我提醒自己——舊瓶子、籃子、凝結成塊的油、載浮載沉的燈泡、熱水瓶、漁網、繩索、條板箱、浮標、泡棉，還有褪色的布。放眼所及之處，這條垃圾公路從南延伸到北，接連幾個小時，橡皮鴨艱難地穿過一條又一條的垃圾巷道——事實上，這條垃圾公路有好幾海里寬。

那些砲彈魚發了狂似的，衝向這頭，又衝向那頭，啄食被這些垃圾絆住的許多小小生命。

說也奇怪，我覺得精力恢復了，感到自在，沒有煩惱。海洋在這些垃圾上茁壯，到處都是螃蟹和藤壺，大自然的繁殖場位在最不可思議的地方。腐朽，在我們看來是死亡，然而對大自然來說，卻是另一個開始。

我的嘴裡，現在塞滿了這個海洋垃圾場裡所貯存的螃蟹和蝦子。說來諷刺，人類的污染，竟然是我得救的路標。

我在前往歐茲國那條油亮的黃磚路上[13]，食物、居所和衣服就在下一個出口。最近看見新面孔的鳥和魚，表示我有了可觀的進展，而這條垃圾之路，是個重要的分界線，一個告示牌，指出洋流的上升或改變。

當鴨鴨跟我繼續漂流，穿過這些污染，夜降臨了。到了早上，海水成了比較淡的藍色，而且清澈發亮。我確信，自己抵達了大陸棚較淺的水域，我的命運就在前方。

≈9≈

一個永遠無法靠岸的人

心靈最黑暗的那一刻

四月八日，第六十三天。

海浪以慣有的方式湧動著，五、六呎高的浪頭朝西方而去。風速很穩定，時速大約二十到二十五海里，輕快但並不危險。橡皮鴨隨著每一道波濤升起，又輕輕落下。

我搖搖晃晃的站著，腦子裡全是食物的影像，沉溺在夢見的飲料之中。此刻，我能想到的就只是這些，以及我身邊啪啪響的波浪。

我把地平線分成六段，審視其中一段，同時盡可能保持平衡，然後小心轉身，先適應一下，再審視下一段。風浪大的時候，我往往要等到升上一個大浪的波峰，才能夠看得很遠；不過在這種天候裡，幾乎每一道浪的頂端都夠高。

這時，在大約五到八海里外，出現了一艘船矮矮的身影，朝著西北西前進，說不定，接下來還會更接近我一點。我等，等到適當的時機，拉動引線——最後一枚降落傘信號彈發出砰的一聲，咻咻飛向天空，爆開了。它不像在夜裡那麼亮，比較像是一顆星星從陰鬱的天空後面探出頭來。

第七艘船還是悄悄溜走了。

我只剩下三個信號筒，全都是手持的，這下子，下一艘船得將我撞倒後才能看見我了。抵達小島，是我唯一的希望了。

我猶豫了一會兒，冒著魚叉被徹底毀掉的風險，又刺穿了一條鬼頭刀。我機械式地把牠開腸剖肚，把厚厚的魚肉割成長條，戳了洞，掛起來。

這真是野蠻啊，我不想再殺戮了，請讓我快點登陸吧。等我走了，我的魚兒們會怎麼想？少了牠們，我又會怎麼想？

有了新鮮魚肉，接下來這幾天我不必再如此辛苦工作——當然這是短暫的休息，在航程結束前，我永遠無法休息。想起**從前那段日子**——在我的裝備一再失靈之前，在我餓得半死之前——我原來那麼閒，實在不可思議。如今要完成每件工作所需要的時間越來越長，我一直在想，這副皮囊到底還能承受多少？

≈就這樣撒手死去，會是多麼容易啊

我不打算自殺——至少現在不想，在我度過了這麼多難關之後——但我能理解在這種情況下，會有人把自殺視為合理的選項。對我來說，努力撐下去一向比較容易。

為了幫自己打氣，我告訴自己，接下來還可能變得更糟，所以我必須做好準備。我的身體狀況肯定會更加惡化。我告訴自己，我能應付得來。跟那些也曾度過難關的人相比，我算幸運的了。我一遍又一遍這樣告訴自己，讓自己更加堅定。

話雖如此，我的身體還是宛如置身於火焰之中。火從我背上、臀部和腿上的瘡向上竄，火焰直衝進腦袋裡。這一刻，我的士氣落入灰燼，眼睛裡盈滿淚水，但眼淚並不足以抑制火勢。

我跪在入口前，不讓傷口碰觸到含鹽的墊子。太陽熱辣辣地照在頭上，我在救生筏前端頹然倒下。鬼頭刀被我突出的膝蓋吸引過來，一整天都在救生筏周圍轉來轉去。牠們知道我沒在捕魚，那些砲彈魚也似乎知道什麼時候我手上會拿著魚叉。我用手臂划過清澈有如玻璃的涼涼海水，鬼頭刀從我下方滑出來，我們的眼睛相距只有一呎。

我把手伸向牠們。我從未見過牠們互相碰觸，雖然我猜想牠們偶爾會這麼做。牠們任由我撫摸牠們滑溜溜的身體，一旦我的手指往下按，牠們就會輕輕跳開，彷彿生氣了；但牠們每每會再回來。牠們訓練了我。看哪，這就是成功的野生動物管理。

就這樣撒手死去，會是多麼容易——物質轉變，成為宇宙的另一粒微塵，被魚吃掉，變成魚。

一條鬼頭刀滑出來，我撫摸牠輕輕擺動的尾巴，這賣弄風情的小傢伙立刻又轉回來。可是我不能這樣就走，我可是來自人類部落的呀，向這些鬼頭刀——或是向大海——投降，看似很容易，但其實不然。

我用我的六分儀測量緯度，大約是十八度。這有多準確？我知道自己絕對沒辦法再撐二十天，如果我太過偏北，那就完了。假如我能駕馭風，我就會讓風帶我往南走。

四月十日，第六十五天。

早晨時分，鬼頭刀走了，換成好幾條素未謀面的砲彈魚出現。牠們幾近全黑，帶著鮮豔的藍色斑點和噘起來的嘴，魚鰭宛如雪紡衣領在微風中飄動。在我眼中，牠們就像海洋裡的小明星，我管牠們叫做我的「小辣妹」。

兩條長長的魚從筏下衝過，像魚雷一樣，甚至比原先那些藍色的鬼頭刀還要快，雖然牠們想必也是鬼頭刀的一種。牠們的身形比藍色鬼頭刀小，大約兩呎半到三呎長，魚皮褐綠相間，像軍隊的迷彩裝。其中一條看似受了重傷，魚皮是粗糙的粉紅色，顯示出大部分的保護色都已大塊剝落——我猜想牠是患了某種魚類疥癬。

接著，黑色的小魚從救生筏前方快速游過，大概一、兩吋長，跟大西洋的水晶藍形成強烈對比。牠們的身體不停扭動，彷彿是由柔軟的橡膠做成。橡皮鴨緩慢前進產生了小小的波紋，可以開玩笑地稱之為船艏波。如同鼠海豚會乘著船破浪前進時產生的壓力波前進，這些小黑魚也在鴨鴨的餘波前劃出小小的弧形。我試著用咖啡罐把牠們撈起來，可是牠們的速度總是太快。

≈當鳥不只是鳥，而是一片「會飛的食物」

自從為了修理下層橡皮胎而展開長期奮鬥以來，我一直疲憊不堪，不過這個傍晚我總算覺得稍微有了點體力。

一個多禮拜以來，我再次重拾例行的瑜珈練習。我先把墊子跟睡袋攤開，以緩衝鬼頭刀的撞擊——痔瘡又腫起來了，而我凹陷的臀部提供不了什麼保護。我坐起來，彎起一條骨瘦如柴的腿，直到腳跟穩穩地擱在胯部，接著用頭去碰那條伸直腿的膝蓋，同時雙手握住這條腿的足部。我扶著扶繩，做了一個完美的扭轉動作。然後趴下來，抬起頭，像在做伏地挺身一樣，但是大腿和髖部還是貼在橡皮筏面上，只是把背脊彎曲而已。接著，我翻過身，仰躺背朝下，把兩條腿抬高越過頭部，讓雙腳能碰到我後面的橡皮地板。我的身體搖來晃去，像株海草在洋流中擺動。我不但有一雙在行船時仍能行走的海洋腿，也有一雙海洋臂和一個海洋背，甚至還有個海洋腦。

就在這時，我的頭被魚兒重重敲了一記；我動動下巴，確定自己沒事。

這些新的迷彩鬼頭刀十分有力且好鬥，一整天不停攻擊著小艇，不但用子彈般的頭部撞擊，還用鞭子般的尾巴拍打，以驚人的速度衝來衝去。我跳到入口處，抓住魚叉，可是牠們早就跑掉了。有時候我在牠們衝向遠處時瞥見牠們的尾巴，有時候看見牠們在幾噚深的水下快速游過。牠們從來不像那些大型藍色鬼頭刀一樣靜靜移動，總是一路狂飆，彷彿有人踩在牠們的油門上。

太陽下山時，我又聽見吱吱的叫聲。幾隻黑色的大型鼠海豚正朝著西方游去。牠們沒有靠近，但牠們滑過大西洋洶湧波濤的那份優雅自得，倒是感動了我。

在水面上方的高空中，軍艦鳥——現在有三隻了——仍然維持同樣的姿勢，飄浮在看不見的氣流上。我很佩服牠們纖長的翅膀，能夠承受得住大海的威力。牠們往往在第一道曙光時出現在我上方，或是在那之後不久從西邊緩緩飛過來。

又一隻雪白的燕鷗出現了。實在很難相信，這麼小的鳥每年要遷徙一萬一千哩。

一隻深灰色的鳥來回地飛，從雲朵飄走的方向飛過來，慢慢地越來越靠近。牠飛行的樣子像烏鴉，我告訴自己，牠一定是從陸地上飛來的。更重要的是：牠是一塊飛行的食物。

牠靠近了，我躲在頂篷後面，雖然看不見牠，卻聽得見牠在我的巢穴入口處拍動翅膀，考慮著要不要飛進來。牠拍著翅膀走了。沒關係，我繼續等待。沒多久，只見一片陰影在頂篷上晃動，越來越大，接著，輕微的重量在篷頂壓下痕跡。我小心地彎身向前，看見那隻鳥就棲息在那裡，朝筏尾看，羽毛在風中沙沙作響，然後收束起來。

我冷不防伸出手臂去抓，鳥的翅膀立刻張開，但太遲了，我的手指已經圈住了牠細瘦的雙腿。牠嘎嘎叫了起來，翅膀向下揮動試圖得到起飛的動力。我用另一隻手抓住牠的背，把牠的腳爪從帳篷上拉開，拽進我的巢穴裡，乾淨俐落地把牠的頭扭了一圈，喀。

這隻鳥有一身美麗的羽毛，乾淨無瑕，而且被照料得很好，讓我覺得弄亂了牠的羽毛，好有罪惡感。

但我不知道這是什麼鳥，牠的腳上有蹼，鳥喙很長，尖尖的翅膀伸展開來約有兩呎半長。牠全身烏黑，只有頭頂有圓圓一塊淺灰色，皮很硬，羽毛深深插進皮裡。羅伯森說，剝掉鳥皮比拔掉羽毛來得容易，於是我用那把帶鞘短刀切下翅膀和鳥頭，把皮剝掉。

絕大部分可吃的肉都在胸部，但這實在算不上豐盛的一餐。鳥肉跟魚肉的質地不同，可是吃起來味道幾乎一樣。一旦被分割成內臟、骨頭和肌肉，海中的魚跟空中的鳥，相似得令人驚訝，我在想，陸地上的哺乳類動物應該也差不多吧。

我還在牠胃裡發現五條銀色的沙丁魚，是在接近陸地的海裡捕到的嗎？翅膀上除了骨頭跟羽毛，沒有什麼東西，這對翅膀很漂亮，我不想扔掉，於是掛在拱頂橡皮胎的中央。

到了傍晚，體型較大的那些藍色鬼頭刀大批地游回來，仍舊聽命於那一對翠綠色的長老。陪伴我們進入第六十五天的這群鬼頭刀，大約有五十條左右。每過一會兒，就有一條褐綠相間的迷彩鬼頭刀撞上來，像一柄大錘子捶下，讓我體內的腎上腺素猛然釋放，一時之間，誤以為那是來自鯊魚

我突然伸出手臂，那隻鳥的翅膀立刻張開，我用手指圈住了牠細瘦的雙腿。

的攻擊。

我把那些褐綠相間、體型較小的鬼頭刀喚作老虎。體型較大的藍色鬼頭刀彷彿從這些老虎得到靈感，其中一尾雄魚屢次沿著救生筏邊緣跳動，重重撞了上來，將海水拍出白沫，把橡皮鴨推向這邊又推向那邊，但我沒怎麼理會。早晨時分，我逮到了至今最輕鬆捕獲的獵物——在十分鐘之內，只出手兩次，就把一條肥美的雌魚給弄上了救生筏。

入夜時，海浪再度高聳起來，從鴨鴨的尾端彈開。每一道擊碎在救生筏上的海浪都從橡皮胎裡傳出回聲，聽起來就像一把獵槍在我耳邊發射。風抓住了那個集水披肩，吹得它上上下下劈啪作響，把那些鈕孔扯大了，彷彿想要把它掀走。

夜裡風浪變得更加狂暴，海水的拳頭把鴨鴨打得東倒西歪。我在筏上縮著身子，跟海浪成橫交，不敢離開筏尾太遠，生怕筏尾會翹起來，但還是盡可能往前端挪，努力保持乾燥。不過，頂篷前端雖然能給我比較多的保護，也無法真正讓我保持乾燥；而頂篷的後端只比一塊攤開來的破布好一點。浪峰打在上頭，流進來落在我臉上，刺痛了我的眼睛，流進睡袋裡。我不斷把水從橡皮底和頂篷上掃開，可是所有的東西還是馬上又濕透了。

≈她說過，我總有一天會在海上送命

四月十二日，第六十七天。

今天，是我的結婚紀念日。

那是好久以前的事了。身為我的妻子，芙莉莎的日子並不好過。我會丟下她，出門運送帆船或出海航行，有時候一去就是好幾個月都見不到面。儘管我要她放心，她還是認為這個行業風險很大。我駕駛獨行號離開美國前不久，她對我說，她覺得我總有一天會在海上送命。

我不知道她現在怎麼想，或許真會被她給說中了。芙莉莎此刻在做什麼呢？當她研究著如何從土壤中培養生命時，一定相信我已經死了。也許有一天，等我葬身魚腹很久之後，一個漁夫也許會把一條魚拉上船，而這條魚會輾轉上了她的餐桌。她會把魚頭、魚尾和魚骨拿去放在堆肥裡，跟土壤相混，讓綠色的生命能夠萌芽。大自然，是從不浪費的。

這時，一條飛魚撞上頂篷，就在蒸餾器後面。

我越來越不想吃魚，但只要不是鬼頭刀，還是會引起我的食欲。我的腸子彷彿從體內掉了出來，再多的魚也填不滿我空空的胃。我坐起來，輕易地抓住那條飛魚——不知道牠是嚇壞了，還是決定坦然接受死亡。

每過一天，要維持紀律也變得更困難。活在我腦中的水手們，似乎正打算對我叛變，大聲喊出他們的不滿。

「水，船長！我們需要更多的水！你想讓我們死在這裡嗎？喝個一、兩品脫的水又會怎樣？我們很快就要著岸了，我們肯定有足夠的水能喝——」

「閉嘴！」我命令他們：「我們都不知道究竟離港口多遠，說不定我們得撐到巴哈馬。所以，不要吵！」

「可是，船長——」

「你聽到我說的話了，你們還是只能按照每日的配額喝水！」

他們聚在一起嘟嘟囔囔，貪婪地瞄著裝水的袋子，看著水袋在橡皮鴨的舷牆上晃來晃去。

其實大家都已形容枯槁，幾乎快不行了。兩條腿已經站不穩，軀幹勉強把頭撐住，肚子跟一個錫鼓一樣空空如也，只有手臂還剩下一點力氣，的確是很可憐。也許，喝掉一品脫的水沒有關係。

不，我必須維持紀律。

「不准喝，」我說：「你們辦得到的。」

然而，在身體的要求下，我覺得自己越來越動搖了，覺得自己在身體、大腦和心靈之間繃得太緊，隨時可能崩潰。

蒸餾器上又出現了一個洞，蒸餾液越來越常被海水污染，我漸漸察覺不出飲水什麼時候算是不鹹，什麼時候太鹹。我隨時可能發瘋，腦海中水手們的叛變，將意味著死亡。我知道我很靠近陸地了，一定是很靠近了。我必須說服我們全體。

≈喝吧，把水都喝光吧

我們漂在大陸棚上，已經有四天之久了。一張小海圖顯示，大陸棚約在西印度群島東方一百二十海里處。如果我的六分儀是正確的，我應該能看見一座島嶼隆起的綠色山坡，應該會抵達安提瓜島——造化弄人，那本來就是我要去的目的地。

可是，天曉得呢？我可能偏離了幾百海里。這個鉛筆做成的六分儀也許只是個可笑的廢物，那張海圖，可能一點也不準確。

我花了無數個小時審視地平線，看看有哪一片雲的形狀不會改變，搜尋天際，看看有沒有一縷雲狀似人類飛行的痕跡。

什麼都沒有。我覺得自己像一座越走越慢的時鐘，一只被扔出飛機太多次的Timex手錶。我想必高估了我的速度，不然就是以斜線從大陸棚上漂過去。

要是有辦法測量洋流就好了。我假設的是，自己的實際位置跟我計算出來的位置相差不到兩百海里，可是如果我每天只偏離五海里，就可能跟自己希望的位置相差四百海里——還要再八天，甚至十五天。

「水，船長。可以要點水嗎？」滴答，滴答，越來越慢，越來越慢。這時鐘什麼時候會停？我能上緊發條，撐到這個月底，而不至於把彈簧扭斷嗎？

接下來那個下午的陽光炙熱無比。蒸餾器不斷倒下，看來它撐不了多久了。快被烤焦的這一刻，我發現自己開始驚慌，開始發抖。

「多一點水，船長。我們得多喝一點水。」

「不行！不行！嗯，也許可以。不！你們一點水也不能喝，一滴也不行。」

炙熱的陽光大把照了下來，我的肉彷彿就要變成沙漠裡的沙子，一旦坐直，眼睛就難以聚焦，所有東西都一片模糊。

「求求你，船長。水，現在就要，再不喝就完了。」

好吧，那些被污染的水，你可以盡量喝，要喝多少都可以，但是那些乾淨的水要留著，一天只能喝一品脫。這是最大的限度，直到我們看見飛機或是陸地，「同意嗎？」

我遲疑著。「好吧，就這樣。」

被頂篷污染的雨水裝在塑膠管裡，橙色的顆粒在底部沉澱。我把T恤折成三層，把水過濾到一個罐子裡，一次又一次。成果是一品脫混濁的液體，帶著苦味，我只能勉強嚥下。

但我變得更渴了。在一個小時之內，我不得不喝下更多，再過一個小時又得再喝。苦苦的一品脫水很快就喝完了，感覺上彷彿整個身體都成了灰燼，我甚至還得再喝更多。

「不，不行。到明天之前不能再喝了。」

「可是我們非喝不可。因為你害我們中了毒，現在我們非喝不可了。」

「別再說了！」我必須維持指揮權，可是我的眼神狂亂，四肢顫抖，拚命壓抑驚慌。

我的軀幹在尖叫：「去拿水！」四肢朝一袋水伸出去。

「不！」我跪坐起來，幾乎要落淚。我站起來，朝筏尾看了一會兒。我無法久站，但此刻的微風讓我稍覺涼爽。

≈用衛星拍十億張照片，照片裡有沒有我？

就是那裡！在天上——有架噴射機！

不只是機尾噴出的氣流，也不是曾有一架飛機飛過的淡淡痕跡，而是一隻銀色機身的鐵鳥，向著巴西的方向飛去！

快點，老兄，打開ERIRB！電池大概快用完了，嗯，至少燈還亮著，而那架飛機離這兒不會超過十海里。我將把無線電打開十二個小時，那架噴射機看起來很小，也許不是民航機。不管怎麼樣，這飛機來得正是時候，我們一定是很靠近陸地了！

我實踐承諾，拿出一品脫乾淨甜美的水，大家都鬆了一口氣。

一隻樣子有點像塘鵝的鳥從空中飛過，一身褐色的羽毛，只有眼睛周圍有深色的眼圈。昨天一隻賊鷗飛過，牠按理不該出現在這裡。我該告訴這些鳥牠們越界了嗎？新的魚、新的鳥、不同的海水顏色、沒有馬尾藻，這一切都意味著這趟航程即將結束。

我巴巴的凝視地平線，直到流出淚水。

在波多黎各外海的一艘船，聯絡邁阿密海岸巡邏隊，說是看見了一艘小白船，桅杆斷了，在海上漂流。海岸巡邏隊要求該艘船隻登上小船看看，但被對方拒絕了。那艘小船已經在視線之外，他們不想再回頭。

他們對小船的描述？白色，二十呎長，沒有標誌，船上無人。

獨行號是米色的，頂邊有一圈寬寬的深藍條紋，駕駛艙的兩側也漆成深藍。她的名字漆在艉舷板上，兩側和甲板上各塗有一個十四吋高的數字57。

說也奇怪，這兩艘船被認為是同一艘。依照官方的說法，「拿破崙獨行號被尋獲，船上無人。」加州一名業餘無線電玩家從長堤海岸巡邏隊截取到這則訊息，開始通知那些一直在留意消息的人。這個消息傳開了，獨行號不再被視為失蹤。

我哥哥希望能得到更多資訊。救生筏在船上嗎？看得見其他裝備嗎？有任何跡象顯示，該船可能遇上了海盜嗎？那艘殘船的位置在哪裡？他想親自去弄個清楚。但紐約海岸巡邏隊對這些問題根本回答不上來，因此我哥無法從他們那裡得到任何資訊。搞不好，當我用手臂划在水裡撫摸我那些小狗時，我母親正想像著我遭到海盜殺害，或是在哪座法西斯監獄裡蹲苦牢。

結果，還真有件事沒搞好。海岸巡邏隊居然發表聲明，先是聲稱「獨行號被找到」這則消息，是一個沒有執照的業餘無線電玩家捏造的，接著又暗示這則消息可能是卡拉漢一家人為了引發救援行動，而故意發出來的消息。

我的家人細心追查這則消息，透過業餘無線電網路連到德國，再到加州，然後透過海岸巡邏隊網路裡的漏洞，從長堤追查到邁阿密。

真相大白了。但那則海岸巡邏隊發出的錯誤消息，還是在航海圈的聯絡網路上傳送，被我在百慕達的一個朋友接獲。紐約海岸巡邏隊告知卡拉漢一家人，想要撤銷這則消息，得自己去想辦法。最後，這則消息總算被撤銷了。

此時我的家人已經大約計算出我的大概位置，想設法展開搜尋。他們試過請軍隊在定期巡邏和演習時，飛越那些可能性很高的海域，但徒勞無功。間諜衛星敏銳到能從太空拍到垃圾桶，他們希望能獲准使用，但也失敗了。在這個情況下，不單是目標不夠具體，而且要搜尋的海域至少有兩百哩寬——大約是三萬一千四百平方海里。如果每張照片能涵蓋九百平方呎，也就是每一邊三十呎，那得要拍攝十億張照片才能查遍那片海域。不管我的家人往哪個方向努力，想讓實質的搜尋行動展開，都碰到了障礙。

除了繼續寫信給政治人物，並且跟海運公司保持私下接觸，他們已經無計可施了。雖然大多數的人現在都認定我早已喪命，我爸媽還是決定要再等我六個月，如果屆時我還是沒有消息，他們才會認命。我哥哥艾德，已經準備好返回他在夏威夷的家庭。現在對所有的人來說，都只剩下等待。

最後，在四月二十日，海岸巡邏隊決定再重新廣播一週「獨行號逾時未抵」的消息。

≈這一刻，就是所謂的地獄

四月十六日，第七十一天。

過去這幾天無比漫長，而我漸漸越來越悲觀消沉。照說我們幾天前就該抵達西印度群島了，我們總不可能已經從那些島嶼之間穿過去，對吧？不，那些島嶼彼此之間太過接近，我至少會看見其中一座才對。而且那些鳥仍然從西邊朝我飛來。什麼時候，我該最後一次打開ERIRB？此刻它發射出的訊號所能到達的距離想必很短，但即便如此，加勒比海上空白天裡來來往往的飛機會聽見它的訊號。但是我得等到看見陸地才打開，否則電力耗盡，無線電就無法再使用了。

我開始懷疑一切——我的位置、我的判斷力、我的生命本身。

也許，我是普羅米修斯，受到詛咒，每天肝臟都會被挖掉，到了晚上又再長回來。也許，我是那個漂泊的荷蘭人[14]，注定要永遠在海上航行，永遠不得休息，看著自己的身體腐爛，看著我的裝備破敗。

我身處一個無邊的恐怖漩渦，被捲得越來越深。去思考這一切結束之後我要做什麼真是個笑話，這一切永遠不會結束！這比死亡還糟，假如要我搜尋心靈最黑暗的部分，來創造出對真實地獄的想像，眼前這一刻就是了——一點不差。

最後一具蒸餾器完全壞了，就跟前一個一樣，底布腐爛脫落。我的貯水容器是滿的，但是很快就會耗盡。如今，降雨是我唯一的水源。

四月十八日，第七十三天。

我繼續留心接近陸地的跡象。

那些老虎鬼頭刀走了，一條有褐色斑紋的魚兩天來都在橡皮鴨周圍打轉，模樣笨拙，那是條松鯛，大約五到十磅重。我試過想射中牠，但我耐心不夠，太急著出手，結果只戳中牠兩次，把牠趕跑了。

另外，天空中烏黑的鳥更多了，不過那些軍艦鳥仍然在我頭上盤旋。我抓到兩隻雪白的燕鷗——牠們原本只是落下來歇歇腳，卻落得就此送命。我看見了另一艘船，不過是在夜裡，而且離得很遠。

說不上來為什麼，所有這些變化對於我持續低迷的情緒毫無幫助。我就是那個荷蘭人，我起床時仍然覺得想睡，沒得放鬆，只有壓力，更賣力工作，再多做一點。

非得永遠這樣下去不可嗎？

我再度擺好捕魚的姿勢，痠痛的手臂握緊那幾盎司重的塑膠和鋁，奶油刀綁在槍尖上，像山頂洞人磨尖的石頭，只不過效果肯定更差。

現在我只能維持這個姿勢一分鐘左右，沒法更久。隨著我把全身重量都壓在一個膝蓋上，然後再壓在另一個膝蓋上，那些鬼頭刀從我膝下掠過。牠們把身體的側面對著我，彷彿想炫耀靶子的範圍，牠們忽左忽右，或是在深深的水中轉來轉去。偶爾牠們會在十分接近水面的地方扭動頭部，掀動海水。說不定會有一條浮出水面，對我說話，就像童話故事裡的那條比目魚一樣[15]。但往往我多等了百萬分之一秒，而那幾平方吋大的靶心就沒入了深色的海水中。

太陽已然升起，海水的顏色漸漸變亮。這一次，我擊中要害了！戰鬥激烈進行，而我再度獲勝。那對翠綠色的大魚在戰線後方巡游，像將軍一樣，牠們夠聰明，不會想要加入這場混戰。

污跡斑斑的灰雲，正從我的世界急馳而過——太輕了，無法下一場傾盆大雨，而細細的小雨、潮濕的空氣，再加上被風吹得四濺的浪花，使得我捕到的魚沒法好好晾乾。還好，手邊的存糧讓我暫時能專注於設計新的集水系統。

第一個系統很簡單，我從那個割破的蒸餾器上割下一片塑膠，一角用嘴巴拉著，另一邊順著魚槍的槍管攤開，我可以把它伸出頂篷之外。接著，我把壞掉的蒸餾器放在救生筏前端，用力把它打成一個扁平的圓盤，把邊緣捲起來，像一塊厚底的披薩餅皮。就算只有濛濛細雨，我相信這兩件裝置都能發揮功能。

果然，一陣薄霧集成水滴，水滴淌成涓涓細流，流進有縐摺的塑膠山谷，從那兒我可以咂著嘴把水喝掉。我必須趁著雨水還沒被海浪或頂篷污染，快速移動來照顧每個系統。我的位置很靠西邊，雲開始累積，偶爾我會看見一頭「黑母牛」在遠處吃草——一些水手這樣稱呼急馳的積雲，它帶來的雨水向地球飛奔。

我堅持著兩個半月來所遵循的例行工作——夜裡一醒過來，就瞭望四周，白天裡每隔半小時就站起來，小心地朝各個方向仔細觀察地平線。我這樣做已經不下兩千次了。我本能地知道海浪如何滾動，什麼時候一道浪會矮下來迂迴前進，讓我能清楚看見一百碼或半里之外的地方。

這天中午，一艘貨輪從我們後方緩緩前進，稍微偏向我們的北邊。

但是，我這手持式信號筒在白天幾乎看不見，所以我選擇那枚橙色煙霧信號彈，將它發射出去。濃密的橙色精靈張開雙臂，被吹往下風處，恰恰在水面上方。在一百呎之內，它被吹成一陣薄霧，比一間擁擠酒館裡的煙霧更薄。那艘船與海浪走向橫交，行駛了幾海里，然後冒著蒸汽，平穩地向西方駛去。她**一定**是駛往某個島嶼的港口。

≈我渴望大雨，而它卻降落在遙遠的地方

四月十九日，第七十四天。

我把前一天剩下的時間，連同四月十九號的整個上午，都拿來製作一個精巧的集水裝置。利用的是雷達反射器的鋁管，以及最後壞掉的那具蒸餾器。

我替橡皮鴨做了一頂帽子，固定在頂篷拱頂橡皮胎的頂端。那根半圓形的鋁管使帽子的正面保持張開姿勢，並且面向筏尾。一條繫船索調整帽子正面的角度，我讓那個角度維持在接近垂直，風把這頂帽子吹向前，像一個袋子。我接上一個排水設施和管子，讓我能從筏內接滿裝水容器，一邊看顧其他的集水設備。

接連幾個小時，我看著毛茸茸的白色積雲從地平線上升，慢慢地經過。有時候它們聚集在一起，形成密密的一群，排成長長的隊伍前進。那些在大西洋上醞釀得夠久的雲會變得厚重而濃密，上升至高空，劇烈地翻騰，下端黑而扁平。等它們撐不住了，雨水就轟隆隆地落下，黑色的雨柱鞭打著大海。

我嚼著曬乾的鬼頭刀肉條，等著測試我的新工具。

問題是，那些暴風的路徑似乎總是跟我的路徑不同。有時候長長一列雲從很近的地方飄過，我看著纖細的雲腳在我頭上旋轉，感覺到幾滴雨水或是短短一陣細雨飄落，分量只夠讓我看出這套新

我製造了一具精巧的集水裝置：一頂放在拱頂橡皮胎頂端的帽子。使用的材料，是從雷達反射器上拆下來的鋁管，以及最後壞掉的那具蒸餾器的塑膠。

我把鋁管弄彎，綁成一個半圓形，有一個軸穿過底部。鋁管兩端全都加上襯墊，以免損害救生筏的頂篷或是拱頂的橡皮胎。這個骨架，可以讓帽子的正面迎風敞開著。我把塑膠蒸餾器綁在骨架上，像一片小帆一樣被吹向前方。

我在帽子底部加裝了一根管子，牽引至救生筏內部，下雨時我可以裝滿貯水容器。綁在筏尾的繩索讓帽子保持挺立姿勢，同時我也能調整角度，讓帽子的正面可以直接對著雨水。看得出來，下面的那個集水披肩已開始破損。我把生鏽的空氣瓶拉起來，綁在外部扶繩上。

每天有好幾個小時，我站著向前方凝視瞭望，希望雲的形狀最後能顯示出那是塊陸地。

集水設備十分有效。我確信能收集到好幾品脫的雨水，說不定能收集到一加侖，只要我能行經一場大雨落下之處。有工具是一回事，有機會用上又是另一回事。

我的眼睛從地平線移向天空，我實在厭倦了總是在等待。

四月二十日，第七十五天。

毛毛細雨和濺起的海水，讓鬼頭刀肉條沒能曬乾，反而變得糊糊的。最早捕獲的幾條鬼頭刀留下的乾肉條，看起來倒是還好好的，深琥珀色、木頭似的裡層，最外面只微微覆蓋著一層白色薄霧，令我十分意外。

下午整整一個小時，我看著一列雲從東方升起，看得出來，它們是往我前進路線的偏南地帶前進。隨著那列雲升高、向前移動，我做好準備，頻頻吞嚥，雖然口中沒有一滴唾液。

我試著運用念力，讓雨雲朝我衝過來。可是它們不理我，在大約一海里之外的地方就已經嘩啦啦地落下，還夾雜著閃電。天空中現在有四個不同的區塊降下大雨，雨勢濃密，遮蔽了後面的藍天。我看著幾噸純淨的雨水傾洩而下，宛如從天上落下的瀑布。

要是這時候我能在一海里之外的地方就好了。我可以不只喝一小口，不只喝一大口，而是暢飲豐沛的雨水。要是，橡皮鴨能夠揚帆航行——而不是只能搖搖擺擺地前進——就好了。

我錯過了這場大雨。我的集水裝置乾巴巴的，在風中飄動。

≈ 10 ≈
死亡
想我大海的兄弟們

漂流第七十五天的傍晚，天空密布著朝西移動的烏雲。

一陣細雨落下，只比一場霧大不到哪兒去，但任何不含鹽分的水氣，不管分量多少，都會讓我跳起來展開行動——足足兩個小時，我把塑膠桶在半空中移來移去，收集到一品脫半的雨水。我的自製集水系統，成功了！

只要海浪不是太大，我並不擔心救生筏會翻覆，所以我蜷起身子，靠著救生筏前端睡覺。這些日子以來，我總要花很長時間才能忍住疼痛睡著，而一旦入睡，往往不到一個小時，來自傷口或瘡的一陣刺痛就會把我弄醒。

我起身看著那片黝黑的海水，偶爾會有幾道燐光閃動——可能是來自碎浪，或是一條快速游動的魚。就在這時，一道柔光隱約出現在正前方的南邊，北邊也有一道。

是一支捕魚船隊嗎？不對，它們沒在移動。

老天，那不是船隻！那是陸地在夜裡的光暈！我站著，瞥見旁邊有光線閃動，那是燈塔的光束，就在地平線上方，發出一道寬寬的光，像棍棒般打出節奏——一閃，一滅，一閃，再閃，休息；一閃，一滅，一閃，再閃。那是陸地！

「陸地！」我大叫：「看到陸地了！」我跳上跳下，用力甩著手臂，彷彿在擁抱一個看不見的同伴。我真不敢相信！

這值得好好慶祝一番！來喝一杯吧！

我大口喝下兩品脫的水，覺得醺醺然，彷彿入口的是醇酒。

我一再舉目張望，再三確認這不是幻覺。我掐自己，哎喲，這不是夢。我把水拿到唇邊，從喉嚨裡嚥下，這是我在夢裡從來做不到的事。

不，這不是夢。噢，這是真實的，多麼真實啊！我像個白癡似的，蹦蹦跳跳，樂不可支。

好了，現在，冷靜下來，你還沒到家呢。

≈藍色的天空、藍色的魚、藍色的大海、綠色的……

那是哪一座燈塔呢？不太可能是安提瓜島。那麼，是在更北邊或更南邊？橡皮鴨朝著我所看見

的那兩道微光之間的過道前行，等我更接近一點，也許我可以用槳划一下，或是把槳綁在鴨鴨的橡皮胎上，充作中央板[16]。就算我上不了岸，ERIRB肯定會喚來救援。等到太陽升起，我將最後一次把無線電打開。

我睡不著，但每過一陣子還是可以小睡半小時。每一次醒來，我就向外瞭望，以確定自己不是在栩栩如生的夢境中。

另一道微光開始出現在正前方，我希望當晨光掀開夜幕，一座島嶼的邊緣將會在接近地平線處顯露出來，近得足以讓我在入夜之前抵達。平常要在白天登陸，本來就已經夠危險了，萬一要到明天夜裡才會抵達那座島嶼……別想了，一件一件來。現在，先休息。

四月二十一日，第七十六天。

黎明降臨，我不敢相信映入眼簾的豐饒景象——綠油油的一片。幾個月來，除了藍色的天空、藍色的魚、藍色的大海，我幾乎沒看見別的東西，此刻明亮青翠的綠色，令我心情激盪不已。

出乎我的預料，位於前方的，不只是一座島嶼的邊緣。在南邊，是一座多山的島嶼，草木繁茂有如伊甸園，突出於海面上，朝著雲端伸出去；北邊，有另一座島嶼，有一座高高的山峰。而我的正前方，則是一座平頂的小島——不再是模糊的輪廓，而是有著豐富、鮮活的色彩。

我大約在五到十海里之外，朝著正中央漂去。

這小島的北半部，是由陡峭的崖壁所構成，大西洋在峭壁上拍出白沫。南半部的陸地向下傾斜，成為長長的海灘，幾棟白色建築坐落在海灘上方，也許是住家。

儘管如此接近，我卻還不算是平安，登陸勢必有潛在危險。如果想從北方登岸，就有撞上尖銳珊瑚峭壁的危險。從南方登陸則得先經過凹凸不平的寬廣礁石，才能抵達海灘。就算我沒有被刮成碎片而上了海灘，我也懷疑自己還能走路，或是爬著去求救。

不管怎麼樣，這趟航行將在今天結束，說不定，就在傍晚以前。

我打開了ERIRB，並且首度打開了急救箱。就跟我所有的儲備物品一樣，我一直等到非用不可的時候才去使用。我拿出一些藥膏，塗在全身的惡瘡上，再用三角巾做成一塊尿布。

我打算試著強迫鴨鴨繞到這座島嶼的南邊，這樣我著陸時就不必穿過迎風面拍岸的白浪。如果鴨鴨拒絕這麼做，我就會選擇從海灘上岸。到時候，我會需要所有可能的保護——我將用泡棉墊子裹住身體，讓自己保持漂浮，並做為我跟珊瑚礁之間的緩衝。我會割掉橡皮鴨的頂篷，以免被困在裡面。另外，頂篷的布料還可以用來裹住我的雙腿和雙臂。

我會設法讓鴨鴨保持直立，乘著她靠岸，雖然這麼做底部橡皮胎肯定會被扯爛。我還必須確保每件事都條理井然，而且安全。

我東翻西找，扔掉用不到的雜物，好把袋子騰出來，放急救箱和其他的必要物品。我啃著幾條魚肉，可這時已覺得味如嚼蠟——我不需要再吃更多的食物了。我的小狗狗們在底下輕戳著我，是的，我的朋友們，我快要離開你們了。我們將走上何等不同的道路！

我扔掉剩下的幾條變味的魚肉，只留下幾條琥珀色的乾魚條做為紀念。啊，對了，再喝一品脫的水來增強體力，準備登陸。

≈海上有種新的聲音，噠……噠……

隨著每一道海浪湧過，我聽見某種新的聲音，噠……噠……聲音越來越大。是引擎！我跳了起來。來自那座島嶼，在幾百碼之外，一個尖尖的白色船艏，船身向後開展，迎著一道海浪衝向前來，然後啪一聲落在水面上，濺起水花。

那艘船起起落落，越來越接近——是艘小船，大約二十呎長，由粗削的木頭打造而成，船身漆成白色，繞著船舷邊緣有一道綠色條紋。三張深色臉孔向我望過來，一副不敢置信的表情。

我跳起來，向他們揮手，大喊「哈囉！」他們也向我招手，這回我肯定被看見了。

我得救了！我簡直不敢相信，實在不敢相信……漂流即將結束，不必度過礁岩，不必苦苦等待一架飛機出現。

其中兩名男子的膚色是閃亮的赤褐色，第三名男子則是黑皮膚。掌舵的那人頭戴一頂鬆軟的草帽，寬寬的帽沿在風中上下拍動，身上的T恤像面旗子一樣在身後飛揚。他駕著船繞過我的前方，滑行後停了下來。三個人跟我的年紀相當，都是一臉困惑，一邊大聲地對著彼此嘰嘰呱呱，用的是一種奇怪的語言。這是將近三個月來，我第一次聽見另一個人類的聲音。

「你們說西班牙文嗎？」我用西班牙文大聲喊。

「不，不！」他們說的是哪一種語言？

「你們說法文嗎？」我用法文問，我沒法聽懂他們的回答，三個人同時都在說話。我指著那幾座島嶼，「什麼島嶼？」

「喔，」他們似乎聽懂了。「瓜德羅普，瓜德羅普。」那是法文，可是肯定跟我所聽過的法文不一樣。後來我才知道，那是種混合語[17]，一種速度飛快的洋涇濱法文。

在幾分鐘內，我弄清楚他們當中膚色最黑的那位會說英文，帶著卡利普索民歌的節奏和很重的加勒比海口音[18]。此刻的我要聽懂另一個美國人說話，大概都有困難，不過我還是漸漸弄清楚了狀況。

我們坐在各自的小船裡，隨著波浪起伏，相距只有幾碼。有好幾分鐘的時間，我們不再說話，呆呆望著彼此，不知道該說什麼。最後他們問我：「老兄，你在這裡做什麼？你想要什麼？」

「我在海上七十六天了。」他們轉身面向彼此，哇啦哇啦地大聲說話。也許他們以為，我駕著橡皮鴨從歐洲出發是一種噱頭。

「你們有水果嗎？」我問。

「沒有，我們沒帶那種東西。」他們似乎很困惑，不知道該怎麼做，膚色黝黑的那一位反問我：「你想要現在到島上去嗎？」

想啊，噢，當然想，可是我沒有馬上說出口。他們的船朝我盪來又盪去，船上沒有魚。

≈去捕魚，去捕魚！

現在、過去和近在眼前的未來，突然以某種無法解釋的方式，融合在一起。我知道，自己的苦日子結束了，逃生之門湊巧被這些漁夫大大的打開了。他們贈予我的，是最貴重的禮物：生命。我覺得自己似乎在努力拼出無比艱難的拼圖，苦苦摸索關鍵的那一小片，而這片拼圖，就這樣落到了我指間。兩個半月以來頭一次，我的感覺、身體和心靈合而為一。

軍艦鳥在高高的上空盤旋，牠們是受到鬼頭刀和飛魚所吸引——飛魚是鬼頭刀及軍艦鳥的食糧。這些漁夫先前看見了這些鳥，曉得這附近有魚，所以才會過來。

他們找到了我。但他們不僅找到了我，也找到了魚。那些鬼頭刀一路維持著我的生命，也是我的朋友。牠們也差點害死了我，現在牠們又成了我的救星。我在大海上的兄弟，把我送到漁夫的手中。

這三人跟我一樣仰賴大海，他們所用的魚鉤、倒刺和棍棒都跟我的相似，他們的服裝也跟我的一樣簡單，也許他們的生活也跟我一樣貧窮。

這幅拼圖就快要完成了，該是擺上最後一片的時候了。

「沒關係，我沒事。我有很多水，我可以等。你們去捕魚，去捕魚！」我大喊，彷彿自己是什麼上帝派來的使者。「很多很多魚，大魚，海裡面最好的魚！」他們彼此對望，講著話。我催促他們：「這裡有很多魚，你們**一定**要捕魚！」

其中一人朝引擎彎下身子，扯動了一條繩子，船開始向前衝。他們在六吋長的魚鉤上裝著銀色魚當作魚餌，那魚看起來像是少了大片翅膀的飛魚。好幾條釣繩被拋出船外，轉瞬間，在混合語的大吼和揮動的手臂之中，引擎被關掉了。其中一人用力一拉，一條巨大的鬼頭刀以一個大大的弧形躍到半空中，然後砰一聲落在船上。

他們又轟隆隆地駛開，走了還不到兩百碼又停下來，把另外兩條肥美的魚拉上船。他們的吆喝不曾間斷，嘈雜的話語變得更加混亂，更加狂野，彷彿在捕魚的狂熱中舒解自己過剩的精力。他們一再啟動油門，向前疾駛。他們拚命裝上魚餌，拋出魚鉤，扯動釣繩，然後停住。海浪在船的後方湧起，抬高並輕拍船艉。更多的魚從海裡被拖上船。

≈殺戮之後，我的重生

我冷靜地打開水罐，五品脫的珍貴存水，從我的喉嚨流下。

我看著那些鬼頭刀在我下方平靜地游來游去。是的，我的朋友，我們要在這裡分手了。也許你們不覺得自己遭到背叛，也許你們也不在意讓這幾個窮漁夫變得富有，因為他們再也不可能捕獲像你們這樣的魚。那，你們還知道些什麼我連猜都猜不到的祕密呢？

我不知道當初自己為什麼剛好把魚槍裝進了緊急裝備袋；為什麼獨行號浮在水面上的時間，剛好夠讓我回去取得我的裝備。為什麼當我捕魚有困難的時候，這些鬼頭刀會朝我靠得更近；為什麼當我跟我的武器都變得殘破而虛弱時，牠們讓我能夠越來越輕易地捕到魚——到最後，牠們甚至側起身子暴露在我的槍尖之下；為什麼牠們提供我的食物，剛好足以讓我勉強撐過一千八百海里？

我知道，牠們只是魚，而我只是人。我們做自己必須做的事，而且只能做大自然允許我們在此生中所要做的事。然而，有時候生命這塊布料，就是會被編織成如此奇異的花色。在我需要奇蹟的時候，這些魚給了我奇蹟。

不僅如此。牠們讓我看見奇蹟游在水裡，飛在空中，走在陸上，隨雨水落下，在我四周湧動。我看著周遭，看著生命壯麗的劇場，這些鬼頭刀簡直就像是跳進了那些漁夫的懷裡。我從不曾感到如此謙卑，如此祥和，如此自由，如此自在。

那艘船的名字，用小小的字母拼在船身——克雷蒙絲（Clemence）。她衝向東，又衝向西，環繞著橡皮鴨，一圈又一圈。三個男子每隔一分鐘就又把一條魚拉上船，不時晃過來看看我是否還好。

我向他們揮手。他們靠得很近，其中一人在「克雷蒙絲號」滑過時遞給我一個褐色紙包。我打開這個禮物的包裝，簡直像中了大獎——裡頭是一塊用粗紅糖沾在一起的切片椰子，上頭還有一小球紅糖。紅色！就連單純的顏色，也都有了奇蹟般的意義。

「椰子糖！」其中一人用法文喊完，衝出去繼續捕獵。

我的笑容——老天，微笑的感覺真怪——感覺上籠罩了我整張臉。既有糖又有水果，我剝下一小片椰子，放在口水直冒的舌頭上。我小心翼翼地把椰子糖一小口一小口地剝下，就像一個雕刻家在鑿一塊花崗岩，但我把糖全吃光了，一點也不剩。

慢慢的，水裡的鬼頭刀變少了，三名漁夫的動作慢了下來。有條小狗狗不時游過來，彷彿在衝向魚鉤之前向我道別。

太陽爬得很高了，我覺得非常疲倦。別再捕魚了吧，讓我們回去吧。不到半小時後，我被拉上船頭，努力保持冷靜，維持清醒。

這場殺戮總算結束了，我的航程也該結束了。

≈11≈

重生

不一樣的人生路，相同的生命本質

三名漁夫在橡皮鴨前停了下來。

我先把裝備袋扔過去，然後他們伸出手來，把我抓住，我手腳並用地爬上船。

我滑到船的底部，坐在那幾十條鬼頭刀，還有幾尾王鯖和梭魚之中。我認出了我的小狗狗，有我從海裡拽起來的那一條——為了嚇走牠，我還跟牠說過「笨魚！難道這是你要的下場嗎？」另外，還有咬斷金屬線前端釣繩的那一條，以及那條可愛的雌魚——牠會羞怯地拂過救生筏，總是只游到我瞄準之處的右邊。不過，我倒是遍尋不著那對翠綠色的長老。

我把身體撐高到硬木橫座板上，滑向一邊，設法找到臀部有點肉的地方，能夠墊住我的骨盆。他們三人合力，把救生筏拖上來放在船艄，然後轉動船舵，發動引擎。

出發時我差點向後倒，橡皮鴨也突然跳了起來。漁夫們只好立刻停下「克雷蒙絲號」，我指給他們看要從哪裡拔掉鴨鴨的塞子，接著只見好幾加侖的水從底部橡皮胎被打開的閥門裡噴出來，鴨鴨也在船艏癱軟了下來，像隻巨大的黑色變形蟲。她的確也該休息了。

我們再度以正常陸地人的姿態出發，四十五馬力的「愛運樂牌」（Evinrude）引擎露在外面。對我而言，快速前進真是很奇特的感覺——我們的船劃破海浪，硬是把厚重的海水隔開，撥到船的兩側。從大西洋到加勒比海，我們在水中劃出一條水線。隨著船身前進，湧上來的海水距離船舷邊緣只有幾吋。我希望，這幾位老兄知道自己在做什麼。

「克雷蒙絲號」很粗糙——緊急用帆只是一片帆布，捲在一根剝了皮的樹枝上；一片不鏽鋼片，被插在船板和骨架之間的接縫裡，尾端用布和膠帶裹住；船上的備用油箱是一個十五加侖的塑膠罐，當油量不夠時，他們用一根生鏽的棍子撬開這個塑膠罐的蓋子，船長朱爾．帕可把管子一端放到嘴裡，然後從備用油箱裡把燃料吸出來，接著再趕緊把管子的尾端猛地從嘴巴裡抽出來，塞進引擎的油箱裡，同時把吸到嘴裡的汽油吐到船外。

我們又向前衝了幾分鐘，然後，引擎熄火了。朱爾掀開引擎的蓋子，開始東弄西弄。朱爾的弟弟尚路易坐在我旁邊。兩兄弟的鼻子都很尖，眼神跳來跳去，感覺有點像埃及人。尚路易是短髮，朱爾的頭髮則是濃密的一大叢，像個光環般圈住整個頭形。尚路易大大的笑容中有個缺口——因為缺了一顆門牙而留下一個小小的黑洞，而我自己的笑容，大概永遠不會消失。

保里努斯．威廉斯坐在我後面，他的肌肉又寬又圓，像是用精鋼鑄成，皮膚很黑，在陰影中很難分辨出他的五官。他用英文跟我說話時，牙齒閃閃發亮。

那兩兄弟正在用抑揚頓挫的混合語討論引擎，保里努斯要我放心：「沒多遠了，大概再一個小時。」

≈再會了，漂流

過一會兒，「克雷蒙絲號」果然再度躍起，向前駛去。我問保里努斯，在我們前方這座平坦島嶼的後方，那座多山的島嶼是什麼島。

「那座是瓜德羅普島，這座是瑪麗加蘭（Marie Galante），這名字是用哥倫布那艘船的名字取的。」

也就是說，我來到一座比瓜德羅普更近的島。我在西印度群島最東邊的這座小島登陸，島太小了，在我的航海圖上根本看不見。

保里努斯大聲喊，聲音蓋過了引擎的怒吼：「你很幸運，我們平常不在瑪麗加蘭的東邊打魚，只有今天，我們才會到這邊來。因為看見很遠的地方有鳥，牠們飛到很遠的海上。通常我們不去那麼遠的地方打魚，但今天我們決定去瞧瞧。我們是等到靠近了，才覺得好像看見什麼東西——原本還以為那大概是個桶子。我們過去，以為鬼頭刀會在那邊游。等我們到了那裡，發現那不是桶子，是你。」

我們繞到瑪麗加蘭的北端，朱爾駕駛著「克雷蒙絲號」貼著海岸行駛，讓她能滑下那些大浪，海浪拍上古老的珊瑚峭壁之後，又彈回去撞上湧進來的後浪。

浪花噴向天空，拍打著幾十億微小的珊瑚蟲死後形成的峭壁。岩壁被打出一個個深深的洞穴，洞穴裡迴盪著海神叩響地母之門的聲音。我想像著鴨鴨和我被捲到峭壁邊上，倉皇地想抓住一塊突出的小小岩石以自保，然後被海水擊倒，被拖下剃刀般的岩石。

我唱起我最喜歡的一首歌〈夏日時光〉（Summertime）——生活如此愜意，我想起我的跳魚，想像那座島上會有高高的甘蔗。我感到自由，自由到讓我張開翅膀，飛向天空。

我唱得很大聲，可是被「克雷蒙絲號」破浪前進的怒吼給淹沒。尚路易對我微笑，說我唱得很好。也許我唱得並不好，但我從不曾感到跟這些歌詞如此相應。噢耶，好愜意的人生啊！

花草的香氣從島上飄進我的鼻子。我覺得自己彷彿是頭一次看見顏色、聽見聲音、聞到陸地。我從子宮裡重新誕生了。漂流的夢魘也許會永遠糾纏著我，可是這場夢魘已經被新生的狂喜和這些漁民的友好給沖淡了。

整整七十六天，我在生命的邊緣掙扎，害怕放手，害怕自己的能量和本質失控，被宇宙大地奪走，害怕史帝芬・卡拉漢會從此消失得無影無蹤。

我們前方隱約出現一個奇怪的形狀，像座圓形劇場，稱為Hoya Grande，意思是「大洞穴」。

一個大洞穴形成之後，頂部塌陷，留下一座瘦高的珊瑚塔，直入天際，另一側則穿過拱形的縫隙，敞著面向大西洋。

我們繞過那座島，沿著背風的西海岸行駛。海洋像木板般平坦而暖和，因為光線和顏色而生氣盎然。一道長長的海灘進入視線。茂密的樹木和棕櫚投下樹蔭，遮蓋了聚集在樹下的小屋和房舍。是聖路易村。一群村民聚在一個由四根柱子撐住的亭子下，他們很快就注意到我們，有些人不再聊天，有些放下正在買賣的魚。披在「克雷蒙絲號」船艄的那一大團黑黑的東西是什麼？那個瘦巴巴、留鬍子的白人又是誰？他幾乎跟朱爾和尚路易一樣黑，可是頭髮被陽光曬得褪了色，眉毛雪白。一些人開始朝著我們將要著陸的地方走過來，起初慢慢地，然後加快了腳步。

≈永別了，我的朋友

最後一次，我低下頭看著那些鬼頭刀。

十二條鬼頭刀、十二條砲彈魚、四條飛魚、三隻鳥、幾磅的藤壺、螃蟹和各式各樣從海洋掠奪來的生物，維持了我的生命。

九艘船經過，卻沒有看見我；十幾條鯊魚考驗過我。現在，一切都結束了，總算過去了，終結了。

我的感覺就跟失去獨行號的那夜一樣混亂。距離我上一次感到開心，到現在已經太久了，以至於我有點不知所措。「克雷蒙絲號」的船艄轉了個彎，滑上海灘的沙。我向我的魚兒們低聲說：「謝謝你們，我的朋友。謝謝你們，再見。」

村民陸陸續續來到海灘上。小孩子咯咯笑著跑過來，然後停下腳步，睜大了眼睛。那三個漁夫朝我喊，叫我不要動，可是我仍向前走，一條腿跨出了船舷邊緣。

我急著向前走，讓自己踩進較淺的水中。老實說，要是這時候跌倒，淹死在離岸邊六呎的地方，就實在太蠢了。於是，我把身體放低。腳下理應是柔軟的白沙，但感覺卻像是一條水泥公路，正在一場大地震中搖晃著。我的眼睛像鋼珠般跳來跳去，我向前走了一步，離開了「克雷蒙絲號」，腦袋一陣暈眩，地面跳起來，撞上我的膝蓋。眼看我的頭就要向前倒，撞上海灘，兩名強壯的男子從兩側抓住我的手臂，把我拉了起來。他們把我架起來，帶著我走，我的腳幾乎沒碰到地面，只是做出走路的樣子。

我們經過幾間鐵皮小屋，外頭有切割俐落的細木飾條，漆成鮮豔的顏色。魚籠四處散落，雞群咯咯叫著從前面跑開。我們經過一棵樹的樹蔭下，走上黑色的柏油路面，後面跟著一群人。第一個轉角有一棟高高的黃色建築，上面有旗幟和標示。這些島民讓我在門廊上的一張金屬摺疊椅上坐下來。

眾人隨即七嘴八舌地用混合語和法語講起話來，最後他們問出我的名字，開始去打電話，我暫時清靜了一會兒。

一百多個人朝著門廊擠過來，我看著他們，仍然難以置信。結束了，這個念頭像是一噸重的磚頭擊中了我。前面有一雙雙睜得大大的眼睛、好奇的眼睛、擔心的眼睛、流淚的眼睛。我自己的眼睛盈滿淚水，而我試著把眼淚嚥下去。一瓶冰涼的薑汁汽水朝我塞了過來，我伸出手握住瓶子，穿越過許多條糾纏在一起的手臂。

這些人不認識我，我們甚至沒有共通的語言，他們怎麼可能知道我走過地獄的每一步是什麼景況？然而，我忍不住覺得我們彼此相通，在這一刻，我們已經融合為一體，看見生命。我的命運反映在他們的眼睛裡。我們的人生之路不同，但我們生命的本質卻相同。

我無法回望海灘。在那裡，我的朋友仍然留在「克雷蒙絲號」船底。我永遠忘不了牠們飛進那些漁夫懷裡的樣子，忘不了牠們閃亮飛躍的色彩和力量。

我不知道在海灘外頭，在清澈的藍色海水中，是否有兩條翠綠色的大魚在尋找一群新魚，隨著牠們同游，傳下那個故事——一個關於單純的魚如何教導一個人體會錯綜複雜的神祕、伴隨著生命每一刻的那種神祕的故事。

≈ 12 ≈

孤獨的我

天堂，原來就在人間

門廊前，停下一部福斯箱型車。當地的警官和另外幾名男子協助我坐上車，我們朝著這座島嶼的迎風面轟轟駛去。

車上每個人都快活而健談，但我一點也不知道他們在講些什麼。一個男子頻頻向我打手勢，示意我大口喝下手上的薑汁汽水。我沒辦法告訴他，在過去這十二個小時裡，我喝下的東西比我先前在救生筏上一整個星期所喝的還要多。於是我向他打手勢，一再地說：「慢慢來，慢慢來。」他點點頭。再說，我喜歡把那個潮濕冰涼的瓶子握在手裡的感覺。

瑪麗加蘭島相當平坦，我們經過連綿不斷的甘蔗田，砍下來的甘蔗高高地堆在牛車上。我無法相信，自己對那些氣味有多麼敏感，剛砍下來的植物氣味，花朵的氣味，公車的氣味。彷彿我的末稍神經連上了一具擴大器，綠色的原野、路旁粉紅橙紅的花朵，色彩簡直像在閃動。我被各種刺激給淹沒了。

我們來到市區，駛進島上法語區醫院的停車場。從煤渣磚蓋的白色建築裡，身穿白色制服的黑人護士匆匆跑了出來，上下打量了我一番，然後消失了。有些人聚在一起講話，另一些人從敞開的窗戶裡探出頭來。一名男性白人醫師走下階梯，朝箱型車走過來。

他說的是英文：「我是德勒諾醫師，你哪裡不舒服？」

該如何準確地回答這個問題？「我肚子餓。」我對他說。

有那麼一會兒，似乎沒有人明白該怎麼對待我。很顯然，我的情況並不危急。我向德勒諾醫師解釋，我在海上漂流了七十六天，我脫水、飢餓而且虛弱，但除此之外還好。

他決定讓我入院，於是叫人抬擔架來。我覺得似乎沒必要，但還是被迫躺了上去。要上樓的時候，抬擔架的人在狹窄的玄關很難轉彎，於是我說服他們讓我下來用走的。我已經發展出能在船上行走自如的「海洋腿」，以至於走在堅實的地面反而不太穩。那些男子協助我穿過走廊，進入一間病房，讓我在一張床上坐下，把我的袋子擱在床尾下方。一個老人從我對面的床上坐起來，手臂上插著靜脈注射的針頭。我們對彼此微笑。

德勒諾醫師進來，跟我討論我身體的狀況——血壓還算正常，瘦了大約二十公斤，將近我原先體重的三分之一。「我們會替你打靜脈注射營養針，裡面會加些抗生素，幫助這些瘡復原。」他對我說：「在你這種情況下，會有好一段時間不能進食，當然——」

「等等！」我嚇壞了，打斷了他，「這是什麼意思？」

「你的胃萎縮了，短期之內吃固體食物，對你來說可能會很危險。」

我趕緊向他解釋，雖然我瘦了點，但我一直很留意，盡可能規律地進食。我很想送他幾條魚肉乾，可是它們還在救生筏裡，而可憐的橡皮鴨不知此刻在哪兒。再說，我也不喜歡打針，也不喜歡躺在床上不能動。

「我不能試著吃些東西嗎？」

「好吧，讓我們看看情況再說。我會開些抗生素藥丸給你。」他對我說，然後就走了。

≈第一次看，第一次聞，第一次觸摸

一名白人護士來了，雙頰紅潤、圓圓的身材、講得一口清脆法文的她，快活得令人難以置信。她皺著眉，脫下我的T恤和臨時尿布，用兩根手指頭捏著，拿到角落去扔下。好笑的是，我不覺得有任何異味，只聞到她身上的乾淨氣味。

她放下一個裝滿溫水的瓷盆，開始替我擦洗。我的瘡傷很敏感，她已經盡量把動作放輕柔了，但在毛巾和她堅定而有效率的碰觸之下，還是覺得很痛。等她幫我擦乾，我總算覺得舒服多了。她愉快的聲音始終沒停過，其他的護士進進出出，跟我的護士、那個老人和我閒聊，也可以說，她們是試著跟我們閒聊。我從沒見過氣氛這麼活潑的醫院。

從踏上海灘的那一刻，我漸漸放鬆下來。經過了兩個半月之後，我總算不再害怕，不再擔憂，什麼事也不必做，什麼也不想要，只需徹底的休息。我覺得自己飄飄然。

那位金髮天使忙完，一陣風似地走出病房。

我躺在床上，床單乾淨又清爽。我不記得曾經有過跟此刻相同的感覺，雖然我能想像自己出生時大概就是這樣。我就跟嬰兒一樣無助，而且每種感覺都如此強烈，彷彿我是第一次看，第一次聞，第一次觸摸。天堂，**的確可以**存在於人間。

沒多久，一個年輕人端來一個托盤，上面堆滿了食物。他倒了一大杯水給我，有那麼一會兒，我呆望著那杯水，不敢置信。一杯水，這麼簡單的一樣東西，卻是如此單純的珍寶。

托盤上，有一大片法國麵包、一個焗小南瓜、一些我認不出的蔬菜、烤牛肉、火腿、山藥。托盤一角，還有一塊鹹魚——讓我差點笑出來。我把所有東西都吃得乾乾淨淨，每個人走進來，看見那個空空的托盤，都不敢置信地看著**我**。

我服用了抗生素和一些強效鎮靜劑，被囑咐該去睡覺。

啊，對，睡覺。我可以睡上好幾天……。

這時，好幾名身穿制服的男子，突然衝進病房裡，開始問我許多問題。他們身上的制服，跟帶我來醫院的那名警察不一樣，原來，是憲兵。

在冗長的問話過程，有一通找我的電話。一名護理員用輪椅推著我穿過走廊，進入醫生的辦公室，那裡有醫院裡少數幾具電話之一。電話是駐馬提尼克島（Martinique）的美國領事杜瓦爾先生打來的，他歡迎我來到西印度群島，要我安心，說我沒有護照沒關係，並表示願意提供任何協助。

消息，顯然傳得很快。雖然是在說話，我仍然睡意濃重，思緒四處飄盪。

而等我回到病房裡，有更多的公務員在那裡，有更多的問題要回答。最後總算大家都走了，讓我得以清靜一下。對面那個老人對我微笑，我聽見碗盤在樓下廚房裡叮叮咚咚地碰撞，微風輕輕拂過我的臉龐，廚房裡傳出優美的男中音，唱著一首黑人靈歌，歌聲在院區繚繞，我悠悠地進入了夢鄉。

幾小時之後我醒過來，感到很平靜。一個島民羞怯地走進來，坐在我床邊，模樣也像是埃及人。他露出大大的笑容，能說一點英文。

我弄懂了他叫馬提亞斯，有一個電台，也經營一家旅館，如果我想的話，可以住在他的旅館裡。他問我都帶了些什麼東西，等他看到袋子和那件破爛發臭的T恤後，叫我在這裡等一下——好像我打算去別的地方似的——離開了一個鐘頭。

我坐起來，抓住床尾的欄杆，慢慢站起來。我的室友看著我搖搖晃晃地走來走去，努力讓自己的膝蓋不要軟下去。我們愉快地彼此交談，雖然誰也聽不大懂對方在說些什麼。

馬提亞斯回來了，把一堆五顏六色的衣物攤在我面前——藍色長褲、鮮紅色短褲、涼鞋和一件新T恤，上面有張瑪麗加蘭的地圖。另外還有一瓶古龍水。也許我的確有股臭味。

我被當地人的熱忱深深感動。在我的病房外面，有一群島上居民前來看我，他們耐心等候，坐在長凳上，或是倚著走廊的欄杆。我在這座島上一個人也不認識，卻覺得自己像個失蹤多年的兄弟重返家園。

我扶著床站起來好幾次，直到自己有把握。下一步，是走到門邊，病房的門總是開著。我踉踉蹌蹌地走了兩步，就到了門口。隨後我扶著欄杆，一步步走下露天的門廊，感受著微風，傾聽棕櫚葉沙沙作響，吸進那些甜蜜的氣味。

每一步，都要花上一分鐘，但是我並不急。那些護士看著我，但並未干涉。我心想，自己不是待在一所沉悶、無菌、緊張的美國醫院裡，還真是幸運。靠著手勢、幾句法文、幾句英文，再加上無形的心靈感應，就足以讓我跟病房外的許多病患和訪客溝通。他們之中，大多數人都顯得很輕鬆自在，心情很好，好到讓人不敢相信。

≈老天，鏡子裡的人是誰？

到了傍晚，信風變得涼爽，風力也略微增強。我穿好衣服，儘管疲倦，卻急著到街上去。醫院裡的麻醉師蜜雪兒．蒙特諾聽說了我的事，邀請我當晚去她家共進晚餐，儘管我們素未謀面。

馬提亞斯又來了，後面跟著兩個年輕的法國人和一位法國小姐。他們自我介紹，分別是是那位麻醉師的先生安德列．蒙特諾，以及米歇爾和他的女友娜努。他們帶著一個很大的野餐籃，怕萬一我不想跟他們一起吃晚餐，但我其實迫不及待地想去。我自認可以獨力在戶外走上一百呎，於是我們朝著馬提亞斯的車子走去。我腳步蹣跚，像個醉漢，而我說起話來想必也像個醉漢，因為我不停歇斯底里地大笑。我想，應該是「活著」讓我感到陶醉吧。

我們先去了馬提亞斯所開的旅館，我在那裡打了幾通電話。我打到爸媽家，接電話的是哥哥艾德。「**你**在那裡幹嘛？」我問。「在想辦法找出你究竟在哪裡啊。」他打趣地說。

我爸媽似乎已經接獲消息——事實上，他們比許多官方單位更早知道我安全抵達的消息。我從海灘被帶上來時，馬提亞斯就在人群之中，他立刻從他的民用波段電台，把消息傳給他在瓜德羅普島上的朋友弗瑞迪。弗瑞迪有一具擴音器，他又把這則消息廣播了出去。一個名叫莫里斯・布萊恩德的人，在佛羅里達外海捕魚時收到了訊號，於是打電話給我爸媽——就在我上岸不到一小時後。

有好幾天的時間我一直不相信，不必透過業餘無線電裝置，光靠民用波段電台就能做到這些事。但後來我發現，事實的確如此。總之，我爸媽正要出門去替我買衣服，並安排到島上來的事宜。

可是，我其實已經覺得有點累了，而且我料想會有好幾天的忙亂，再說我也希望在他們抵達時，我的身體情況能更好一點。所以，我請我哥設法說服爸媽晚一點再出發。現在我平安而且安全，可以不需要擔心了。我一點也不知道，他們為了找到我，費了多少力氣。我哥哥有點為難，但他說會盡力而為，雖然他很清楚如果可以的話，我爸媽會在今晚就跳上飛機。

明天我會回到馬提亞斯經營的「問安旅館」，而今晚則接受蒙特諾夫婦的盛宴招待。米歇爾是島上的報關人員，我們開玩笑說，我就這樣輕易地把救生筏走私到瑪麗加蘭島上了。最後，我睡在蒙特諾夫婦家裡。

早晨醒來時，我望著鏡子。老天！這個人是誰？

鏡中那個人，簡直就是從《魯賓遜漂流記》裡走出來的——長長的頭髮結成一綹一綹的，被陽光曬得褪了色，眼睛凹陷，皮膚黝黑，鬍子蓬亂。蜜雪兒·蒙特諾給了我一把牙刷，放在嘴裡感覺很怪。更奇怪的是，我的牙齒並不髒，上面也沒有牙垢，出奇地乾淨。不知道我的牙醫對這件事會有什麼看法。

安德列開車送我去醫院收拾東西。走進我的病房時，我聞到死魚的臭味。我的袋子的確有股臭味，而我那件T恤顯然被人拿到最近的一個垃圾桶丟了。護士又替我量了血壓，我辦了出院，走出大門，走進這個世界，覺得自己像是坐牢多年後重獲自由。

馬提亞斯帶我回到他的旅館，把我介紹給他的朋友瑪莉，她的英文說得相當好。我住在旅館的這段時間，他們從不在意我吃掉那麼多美味的當地食物，我的食量那麼大，大家都很驚訝。

我爸媽在二十三號搭乘一班傍晚降落的飛機抵達，這是我們在一年之後的首次團聚，母親流著淚，父親克制著情感，我則笑容滿面。在短短一年中，這麼多事發生在我身上，然而在他們眼中，儘管我瘦了很多，我還是跟從前一樣——他們的兒子回來了。

≈揮揮手，告別我的新故鄉

老實說，我真的很驚訝，大家會為了我而這麼勞師動眾。

在二十四小時之內，我就接受了英國、加拿大和美國記者的電話訪問。電報紛紛送達，我向法國與美國海岸巡邏隊報告事情經過，也再一次接受警方詢問，然後跟那位和氣的警察局長合照。

哥倫比亞廣播公司從佛羅里達派出一組記者，《國家詢問報》（*National Enquirer*）請求為我做獨家報導。我婉拒接受採訪，卻無法阻止他們報導。他們編出一個匪夷所思的故事，描述我如何直視鯨魚「炯炯有神的琥珀色眼睛」，說那隻鯨魚「如同大海一般地咆哮」，一再猛擊我的船。我從沒見過有琥珀色眼睛的鯨魚，更沒聽過鯨魚哼過一聲。

一有空閒的時候，我就試著走遠一點。幾天之內，我已能走上幾百碼。我的腿開始腫脹，彷彿染患了象皮病。一位當地的醫師，拉雪醫師，每天都來替我做檢查。我覺得自己很幸運，因為拉雪醫師對於非洲的饑饉問題很有經驗，所以他知道會發生什麼情況。他替我做了些檢驗，我體內的鈉含量過高、鉀含量過低，而且貧血得很厲害。我的身體無法排除水分，所以水分在我的腿上沉積。我開始吃藥。

我花很長的時間悠閒地吃飯，在島上四處參觀。我對一切都興味盎然，乃至於夜裡很難入睡。天一亮我就醒了，迫不及待地想要出去，不但沒有好好休息，反而疲倦過度，身體虛弱。我明白大家都努力想要幫我，可是我開始覺得喪失了自主權。我漸漸感受到壓力，而我的脾氣大概很快就會發洩在其他人身上。

我爸媽試著說服我，跟他們一起搭機回家，好好休養。我告訴他們我不想，我不想當個病人。我希望能在這裡恢復體力，搭便船到安提瓜島去收取我的信件，然後搭機飛回緬因州。

接下來那幾天，我把時間用來認識瑪麗加蘭島上的居民。「問安旅館」的酒吧和餐廳面街的那一面是敞開著的，大家常常會進來聊天。每隔幾天，把我救起的那幾名漁夫就會進來待一會兒。他們其實住在瓜德羅普島，帶我登上小島的那一天，他們把魚帶回家，一直賣到夜裡。我很想跟他們一起再登上「克雷蒙絲號」，也許跟他們一起出海打魚，但這件事始終沒成。

我散步的時間越來越長，不管走到哪裡，島上居民都會攔住我，邀請我去他們家裡，或是在路上把我圍住。那些能夠跟我交談的人，都會拿我的純魚肉飲食法來跟我開玩笑。我看著小孩子從人行道上的水龍頭接水，在圓桶中裝滿，再用腳推著桶子，把桶子滾回家。在這裡我覺得很自在，像在家裡一樣。瑪麗加蘭島上的人，像家人一樣收容了我。

有些人開始稱呼我為「超級漁夫」或是「超人」。我試著向他們解釋，在漂流期間我一直努力求生並非因為我是個英雄，而是因為對我來說，求生要比死亡容易。

有一天，有個人來看我，好奇地打量我之後，凸著眼從近處凝視我的臉，喃喃吟誦了一些話，到處撒了一些東西。等他走後，馬提亞斯告訴我，那人是當地的一位巫醫，說他施了符咒，讓我早

（上）我跟三個救命恩人合影：帕可兄弟（右二、右一）及威廉斯（左一）。
（下）我與瑪麗加蘭島的島民一起在聖路易沙灘上，這是我當初登陸的地方。
這張照片攝於我抵達島上後約一週。

日康復。

第二天，我的胃難以置信地痙攣起來，發起高燒，開始腹瀉，持續了很長一段時間。我還以為我被自己耍了，以為自己終究不免一死。我請馬提亞斯別向那位巫醫提起我的「康復」。

當地的菜餚很棒，但是很辣，拉雪醫師和德勒諾醫師一致認為，我暫時不能再吃辣椒了。這是太短時間吃太多東西的標準病例。有四、五天的時間，情況相當嚴重，但我漸漸好起來，多虧了那些好醫師和我爸媽，還有馬提亞斯和瑪麗。

我總算康復到又可以走路了。

在島上待了十天，我心裡明白該是離開的時候了。我跟好幾位航海人碰了面，包括我聽過名字但未曾謀面的尼克．凱格，他駕著「三足人四世號」抵達，同意讓我搭他的船到瓜德羅普去。我爸媽並未阻止，反而爽快地接受了我的決定，幫我把東西收拾好，給了我錢和食物。

一切就緒，我步履蹣跚地走到那座水泥碼頭。「克雷蒙絲號」載著橡皮鴨跟我上岸的海灘就在旁邊，我登上那艘等待著我的小艇，被送到「三足人四世號」上。我向島上的朋友揮手道別，知道自己又重新進入真實的人生。

「三足人四世號」的航員升起船帆，我們把船艏轉向瓜德羅普，我看著我的新故鄉，漸行漸遠。

≈後記≈

偉大的荒野，由衷的謙卑

很難相信，我那趟小小的歷險已經是那麼多年前的往事了。

那彷彿是幾輩子之前的經歷，也像是發生在另一個人身上的事。然而，它始終陪伴著我，一如每日的太陽。

科學告訴我們，人體中幾乎每個細胞（除了腦細胞之外）每十年就會更新，所以在某種意義上，那次經歷，的確可以說是發生在另一個人身上。我希望，自己在心理和情感上，這段期間來也有了一點改變。

現在，每當我在浴缸裡接滿水，我會想，這比我當時在兩個半月裡賴以維生的淡水還要多。讓這些水排到下水道裡，讓我微微感到罪惡。當有人說：「我們去吃點東西吧，我快餓死了。」我腦袋裡會有一陣小小的鈴聲響起，我會想，嗯，還談不上餓死吧，肚子餓跟挨餓之間的差別，我懂。

那段經歷，往往躡手躡腳地朝我走近。

雙手輕碰的兩個人，或是流露出人類單純善意的一句話，都能夠鑽進我心底，喚起我曾經體會的那種寂寞與絕望，而我會發現自己在流淚。同樣的，看見別人的痛苦，以及他們在必須承受痛苦時所流露出的尊嚴，也讓我的靈魂感到一陣絞痛。

最後，即使已經過了這麼久，那些鬼頭刀及其海洋家園的精神，對我來說未曾稍減。我每天都想到牠們，仍然覺得牠們的心靈讓我相形見絀。我每次吃魚——偶爾也吃mahi-mahi，這是餐廳裡對鬼頭刀的俗稱——就會提醒自己我跟整個世界的連結，也提醒我必須記得，我們不該不經思索或不知感謝地吞下任何一個生命。

當我在一九八二年漂流上岸時，就跟許多大難不死的人一樣，我不知道在許多方面，我的旅程才正要展開。身體上，我的改變不大，有六個星期的時間我拖著腫脹的雙腿，吃力地四處走動，但最後還是消腫了；現在我身上只留下少數幾個永久的疤痕，提醒我海上一日不等於在海灘上的一天。如今，只有在我曬得很黑的時候，那幾十個小小的白色圓圈才會顯露出來，標記著海水瘡的記憶。

回到陸地上約六個月後，我的體重就回復了正常，之前被飢餓吞噬的肌肉也重新鍛鍊出來。飢餓在指甲上留下的線條，已經隨著指甲長長、修剪而消失，我的身體為了這趟漂流唯一付出的真正代價，似乎是提早讓自己進入了中年。

我吃得比以前少了，而且我頭一次發現，自己的上腹部很容易就會長出贅肉。早晨醒來，一綹綹的頭髮落在枕頭上，我也加入了掉髮族的行列。至於嚴重的長期損傷，誰真能曉得呢？我並不打算讓人把我的肝臟或腎臟拉出來檢查。

≈荒野中，你才能真正明白自己是誰

我還是繼續航海。大海，依舊是這個世界上最偉大的荒野。

在我看來，一趟荒野之旅——無論那荒野是遍布著森林或海浪——對於人類心靈的成長與成熟，是不可或缺的。在荒野中，你才能真正明白自己是誰。面對荒野的挑戰，你荷包的厚度變得無足輕重，而你的能力，才能真正量測出你的價值。

剛回到岸上的那段時間，我覺得生活前所未有的自由，超過我任何時候的想像，而且也更有趣。

當我划過一座海港，看見一尾小魚從旁游過，我會以快如閃電的反射動作把牠從水裡抓出來，扔進嘴裡吞下去，讓同船的乘客大吃一驚，說不定也把他們嚇壞了。當朋友為了他們公寓的外觀而道歉時，我忍不住咯咯發笑，問他們：「喔，你家會漏水嗎？比狗窩大嗎？會這裡塌那裡陷嗎？」任何人、任何事，彷彿都不會讓我不安或害怕。我覺得沒有不可能的事，畢竟，還能有什麼比當年的漂流更糟的情況呢？

然而，隨著時間過去，記憶漸漸消褪，生活又變得複雜起來。我又有了期望，而且我發現，舊日的那些抱怨又再度滲進我的日常生活中。儘管如此，在我大腦的某處，仍然有一個小小的聲音提醒著我：我過的每一天，都是禮物，而不是權利。我知道，在這個總是十分殘酷的世界上，吃得飽、沒有疼痛、有朋友和親人相伴，是極少數人才能享有的福分。

這本書真正的故事，倒不見得是關於我這個人，而是關於大海的魔力與神祕，以及大海如何贈予我兩件無價的禮物。首先，是這趟漂流讓我明白自己比想像中更堅強，也更有韌性。

其次——也是更重要的——是大海刺探出我的許多缺點和不足。我不懂得溫柔待人、無力處理兩性關係，這都不是凱瑟琳或芙莉莎的錯。我在生活上許多方面也同樣無能，一旦理想不能配合現實，我就會逃避現實。我無法接受自己身為人類的限制，也無法接受周遭人們身為人類的限制。早在大海把我扔上橡皮鴨之前，我就是個踽踽獨行的漂流者。展開那段航行的，並不是什麼潛藏的英雄。而當我漂抵岸邊，我心懷感激，感激自己有機會審視自己的缺點，並且學習加以彌補。比起任何的求生紀錄或別人的稱讚，這件禮物，要重大得多。

≈從此，以平靜和優雅來面對自己的死亡

如今我所做的大部分事情，無論是寫作或講授求生課程，都跟我在橡皮鴨上的漂流直接或間接

有關。當我抵達瑪麗加蘭島的海岸時，就已經下定決心，要以正面的方式來運用我的經驗，與人分享大海在我身上產生的正面影響。

只不過，我原本以為，只有其他航海者和幾個朋友會真正對我的故事感興趣，沒想到，這個故事會傳到陸地上人們的生活裡。

這許多年來，在本書出版之前與之後，我參與了各式各樣的媒體活動，幫助我散播鬼頭刀的精神。空難、海難和雪崩的倖存者，能夠對我的經歷感同身受，他們帶著自己的故事來找我；還有那些罹患癌症和其他磨人疾病的人、意外事故或家暴事件的受害者，以及那些經歷過和我截然不同的求生經驗的人。

我發現，這本書觸及了人類最普遍的心境：該怎樣活下去？

或多或少，我們每天全都在想，該怎樣活下去；而且每個人的一生中，幾乎都至少必須面對一件艱難的考驗。我的海上求生不僅讓我更加了解自己，也讓我有機會擁抱人性。我發現，儘管人性有弱點，但也給了我機會來建立新的、有意義的人際關係。我有了一個新的目的，花時間繼續探索「求生」這座新海洋的深處。

我們這些倖存者有什麼共同點？求生經驗有哪些共同的階段？倖存者所使用的成功策略是什麼？我們如何把這些經驗當作基石，來建立更好的人生，就算我們知道肉體的死亡就在眼前？還有，在克服原始的創傷之後，我們又是如何避免活在這些經驗的陰影裡？許多其他的倖存者和各個領域的專家，都曾經針對這些問題提出清楚的答案，可惜這些問題太過複雜，無法在這樣短小的篇幅裡加以細究。

就現在的我而言，可以說對這段經歷心存感激，也感激衍生自這段經歷的人生。我不會自願重來一次，但大海固然考驗過我，卻也寬容地讓我活下來，告訴我該如何生活。在我的人生中，我頭一次真心感到謙卑。而衷心領悟到自身的無足輕重，也讓我心中平靜，知道自己與一個更大的「整體」完全相連。身為這個世界及人類渺小的一部分，如今我覺得更為平靜，也覺得自己變大了，超出我身為單一個體時的感受。

我也不會把「求生」這件事，看得特別高貴。依我的想法，我的倖存從某種角度來看是種失敗。我無法放手就死，那是因為恐懼和失敗，以及想要補償的需要驅使我活下去。如果說我發現了某種真實的勇氣，那是因為我領悟到自己需要去做一些事，來賦予我人生那些可悲的歲月一點意義。重要的，是生命的品質，是我們能夠跟世人分享多少心靈，能幫助世人努力求生存，這些，都要比活得多久更為重要。

這話聽起來像是老生常談，但並未因此減少其真實。我自己的目標，是努力生活，讓我能以平靜和優雅來面對自己的死亡——不管那一刻將在何時到來。

同時，我試著不去思索倘若我超過了自己的極限，會發生什麼事。迴避風險算不上目標，如今我大概會稍微小心一點，但我常常提醒身邊的人：不管你是爬進洞裡躲起來，還是走在一條高高的鋼索上，沒有人能活著離開這個世界。沒有挑戰，我們就無法成長；挑戰帶來危機，深深考驗著我們，然而危機也給了我們最大的機會。

經歷艱難時期的人，往往會感到孤立，不確定該怎麼做。當我面對危機時，我試著記住幾個簡單的概念：我們控制不了自己的命運，但我們可以參與塑造自己的命運；我們必須努力讓生活跳一跳，但我們也必須接受自己只能盡力而為。

把這些銘記在心。在我最孤單、最絕望的時候，我就是從那些承受過更大苦難而活下來的人那兒得到慰藉，尤其是那些學會從苦難中更加茁壯的人。

一九九九年作者識

≈ 誌謝 ≈

這本書得以出版，許多人扮演著直接或間接的角色。首先是那些帶領我認識航海的人，他們也教給我讓我得以在海上存活的技能。我要特別感謝我的父母，還有童子軍組織的人，尤其是亞瑟・亞當斯（Arthur Adams）。我的前妻芙莉莎・修格森（Frisha Hugessen）對我的航海計畫一向很支持，也很包容，包括建造「拿破崙獨行號」（Napoleon Solo）在內。克里斯・萊勤（Chris Latchem）則協助我達成目標，並發展出解決實際問題的技術。

我要感謝羅伯森（Dougal Robertson）那本了不起的求生手冊《海上求生》（*Sea Survival*），可惜這本書已經絕版了。羅伯森一家人、貝利一家人以及其他的航海前輩以他們所寫的書陪伴著我，不僅提供了重要的實際建議，也激勵了我克服難關。

若非及時遇上帕可兄弟（Jules Paquet and Jean-Louis Paquet）和保里努斯・威廉斯（Paulinus Williams），也許我永遠上不了岸。在我漂流的最後一程以及之後的復原期間，他們和瑪麗加蘭島的其他居民都對我非常慷慨，幫了我很多忙。

在寫作這本書時，凱西・瑪西米尼（Kathy Massimini）給了我極大的精神支持和許多編輯上的建議。每個作者都慶幸能有個像凱西一樣的人，來帶領他度過困難的時光，讓他能堅持下去，但我不相信有多少人能具備她的信心、寬容和洞察力。

Houghton Mifflin出版公司的編輯哈利・佛斯特（Harry Foster）對我有很大的信心，以堅定的手和耐心聆聽的耳朵帶領著我。

我也想謝謝所有協助搜救行動的人，在官方管道關閉之後仍繼續傳送我和「獨行號」的相關訊息。除此之外，他們也給予我的家人很大的精神支持。在這許多我想要感謝的人當中，包括業餘及民用波段無線電網路、威廉・溫克林（William Wanklyn）、法蘭西斯・卡特（Francis Carter）、《航海》（*Sail*）雜誌的工作人員、胡德製帆公司（Hood Sailmakers）、奧斯卡・宮札勒斯（Oscar Fabian Gonzales）、史提葛爾一家人（the Steggalls）、貝絲・波拉克（Beth Pollock）、海登・布朗（Hayden Brown）、《航海世界》（*Cruising World*）的工作人員、已故的菲爾・維爾德（Phil Weld）、馬提亞斯・亞順（Mathias Achoun）、他的朋友弗瑞迪，以及莫里斯・布萊恩德（Maurice Briand），還有許許多多其他的人。我也要感謝家人努力設法查明我的下落，並且保持信心。

最後，我想要表達我對大海的感謝。在人生當中，大海教了我許多事，大海固然是我最大的敵人，卻也是我最好的盟友。在理智上，我知道大海沒有感情，但是大海的富饒讓我得以活下來。大海給了我鬼頭刀魚，可以說是犧牲了自己的孩子，好讓我能活下去。

但願我的餘生能夠證明為我所做的所有犧牲，都是值得的。

註

1 史洛坎（Joshua Slocum, 1844-1909），美國冒險家，獨自駕駛帆船繞地球一周的第一人，著有《孤帆獨航繞地球》（*Sailing Alone Around the World*）。薛克頓（Ernest Shackleton, 1874-1922），英國極地探險家，曾率領英國探險隊探勘南極。

2 海爾達（Thor Heyerdahl, 1914-2002），挪威人類學家與探險家，一九四七年駕駛一張木筏在太平洋上航行了九十七天。威利斯（William Willis, 1893-1968），美國航海家，單人駕駛木筏橫越大洋。希斯考克（Eric Hiscock, 1908-1986）與其妻子，曾駕駛小船環繞地球，並著書敘述其過程。葛茲威（John Guzzwell, 1930-），曾獨自駕駛小型帆船環繞地球。

3 作者曾表示 Napoleon Solo 係根據六〇年代的電視影集《打擊魔鬼》（*The Man From U.N.C.L.E.*）中玉面虎一角來命名，同時 Solo 一字也有「獨自一人」的意思，因為這艘船設計成可由單人駕駛，而拿破崙是個胸懷大志的小個子，有「船小志氣大」之意。

4 此指位於康瓦耳郡西南角的利澤德（Lizard），Lizard 的字面意思是蜥蜴。

5 EPIRB（Emergency Position Indicating Radio Beacon），由海面、空中、太空所組成的搜救網，能找出無線電示標所發出的求救訊號位置。

6 潘濂（一九一八~一九九一），海南島人，二次大戰時在英籍商船工作，後來船被德軍潛艇的兩枚魚雷擊中，沉船之後，他獨自一人在海上漂流一三三天獲救生還。

7 魯瓦克（Robert Ruark, 1915-1965），美國作家，國內讀者很熟悉的《爺爺和我》（*The Old Man and The Boy*）就是他的作品。

8 西方傳說中，在彩虹的末端藏有一罈金子。

9 耶穌之光（Jesus Rays），也稱為雲隙光或暮曙光，是日出或日落時出現的一種大氣現象。

10 這兩首歌分別是 I'm So tired 和 Help, I need somebody。

11 庫克船長（James Cook, 1728-1779），英國航海家，曾經三度奉命出海前往太平洋，帶領船員成為首批登陸澳洲東岸和夏威夷群島的歐洲人。他曾使用經線儀繪製太平洋島嶼的許多地圖。

12 兒童繪本《小火車做到了》（*The little Engine that could*）。

13 在《綠野仙蹤》（*The Wonderful Wizard of Oz*）裡，黃磚路是帶領小女孩桃樂絲回家的路。

14 漂泊的荷蘭人（Flying Dutchman）是傳說中一艘永遠無法返鄉的幽靈船，這個故事曾被華格納譜寫成歌劇。

15 格林童話故事〈漁夫和他的妻子〉。

16 中央板能增加小艇抗拒側滑現象的能力，大約置於船底中央。

17 也稱為克里奧語（Creole），係指操不同語言者混居時所使用的混合語。

18 卡利普索（Calypso）民歌，西印度群島原住民舞蹈時所唱的即興歌曲。

國家圖書館出版品預行編目（CIP）資料

漂流：我一個人在海上 76 天 / 史帝芬 . 卡拉漢 (Steven Callahan) 著；姬健梅譯 . -- 二版 . -- 臺北市：早安財經文化, 2018.12
面；　公分 . --（生涯新智慧；45)
譯自：Adrift : seventy-six days lost at sea
ISBN 978-986-6613-95-1（平裝）

1. 卡拉漢 (Callahan, Steven) 2. 航海 3. 大西洋

725.1　　107005814

生涯新智慧 45

漂流

我一個人在海上 76 天

ADRIFT

Seventy-six Days Lost at Sea

作　　者：史帝芬・卡拉漢 Steven Callahan
內頁繪圖 & 圖片提供：史帝芬・卡拉漢 Steven Callahan
譯　　者：姬健梅
特約編輯：莊雪珠
封面設計：Bert.design
責任編輯：沈博思、劉詢
行銷企畫：楊佩珍、游荏涵

發 行 人：沈雲驄
發行人特助：戴志靜、黃靜怡
出版發行：早安財經文化有限公司
台北市郵政 30-178 號信箱
電話：(02) 2368-6840　傳真：(02) 2368-7115
早安財經網站：www.goodmorningnet.com
早安財經粉絲專頁：www.facebook.com/gmpress

郵撥帳號：19708033　戶名：早安財經文化有限公司
讀者服務專線：(02)2368-6840　服務時間：週一至週五 10:00~18:00
24 小時傳真服務：(02)2368-7115
讀者服務信箱：service@morningnet.com.tw

總 經 銷：大和書報圖書股份有限公司
電話：(02)8990-2588
製版印刷：中原造像股份有限公司
二版 1 刷：2018 年 12 月
二版 3 刷：2019 年 1 月
定　　價：350 元
I S B N：978-986-6613-95-1（平裝）

ADRIFT: Seventy-six Days Lost at Sea by Steven Callahan